映像システムの基礎
―ディジタル化への要素技術とその応用―

映像情報メディア学会 編

工学博士 江藤　良純　共著
　　　　梅本　益雄

コロナ社

まえがき

　映像システムというと放送局のスタジオ装置をイメージするかもしれないが，ディジタル情報化社会あるいはユビキタス情報通信時代などと呼ばれるように，最近はテレビジョン技術，通信技術，情報処理技術，半導体技術が融合し，新しい映像システム（12章）がつぎつぎと開発されている．本書はそのような映像通信，映像配信システムの基となるディジタルテレビジョンの要素技術とその応用を扱う．

　それら映像システムの追い風の源となっている関連技術の開発スピードは恐ろしいほどである．例えば，ここ10年間において，携帯電話が第1世代（9.6〜64 kbps）から第三世代（最大約2 Mbps）まで発展し，また磁気ディスク装置の記録密度は100倍以上改善され，数十Gビット/インチ^{2}まで進歩している．

　このため，関連技術，関連システムの進歩を考慮し，新しい視点でシステムを見直し，従来技術を十分に凌駕（りょうが）する新技術あるいは新分野への素早い挑戦が強くいわれるのである．

　このような挑戦には，従来のような「追い付き追い越す」という開発体制は成功しない．したがって，技術を習得，学習する方法さえも従来とは変わらざるを得ない状況である．教科書，技術専門書，学会予稿集などから最新の技術内容を知ることはもちろん重要である．しかし，それらを単にフォローするだけでは，その知識はすぐ陳腐化し，役立たないものになることは目に見えている．

　このため，その技術の目指そうとしている目的，課題を見つけ，その技術が抱える問題点，さらには別の解決方法，今後の技術展開，また国際，国内，あるいは地域社会への影響など，多面的な考察を行い，つぎのステップを見出す

ことが重要となる．これを工学的な技術センス（engineering sense）の発揮と呼び，新技術の出発点となる．

　本書では，映像システムの基礎技術を学びながら，従来とは異なった質問内容，検討項目，また，関連技術の技術動向を参考にするなど，engineering sense を発揮する基本訓練も考慮したつもりである．

　本書では，1章の映像システムの概要に引き続き，2，3章ではディジタルテレビジョンにおいても依然として基礎となる視覚と画質の関係，走査方式，およびカラーテレビジョン信号の基本形式などを解説する．

　4章ではアナログテレビジョンについて，現在放送されている NTSC 方式を中心に，そのエッセンスを述べる．

　5章から7章ではディジタルテレビジョンについて，まず，カラーテレビジョン信号のディジタル化における課題を述べて，各種ディジタル信号規格を紹介する．つぎに，ディジタルテレビジョンの中心課題である映像圧縮を取り上げ，さらに，ディジタル化の特徴である雑音に強いことを支えるディジタル変調技術および誤り訂正技術について触れる．

　8章から11章まではディジタル映像システムの要素技術である撮像システム，映像表示システム，映像記録システムおよび放送システムを紹介する．

　なお，映像システムとは直接関係しないが，国際学会，特許などの技術開発に関連する事項を意識することは技術センスを養ううえで重要なので，コーヒーブレイクの簡単な読み物として記載した．

　学生，若い技術者などが本書を読みながら，自分からなぜ（Why）を発して，新たな映像システムの着想にトライしていただければ幸いである．

　本書は1章から5章および12章を梅本が，また，6章から11章までは江藤が執筆した．最後に，筆者らの企画に対し，貴重なご意見を戴いた映像情報メディア学会出版委員会の皆様，コロナ社の方々に心より感謝の意を表する．

2005年12月

江藤　良純

梅本　益雄

目　　　次

1. 映像システムの概要

1.1 テレビジョンの要素技術 …………………………………………… *1*
1.2 テレビジョンおよび映像システムの進展 …………………………… *3*
1.3 ディジタル技術の特徴 ……………………………………………… *5*

2. 視覚と画質

2.1 表示画面のアスペクト比 …………………………………………… *7*
2.2 毎 秒 像 数 …………………………………………………………… *8*
2.3 視覚の空間的特性 …………………………………………………… *9*
2.4 目が感じる明るさ（測光量）………………………………………… *11*
2.5 色の数値化（表色系）………………………………………………… *13*
2.6 関 連 用 語 …………………………………………………………… *18*

3. テレビジョン方式の基礎

3.1 走 査 と 同 期 ………………………………………………………… *19*
3.2 走 査 方 式 …………………………………………………………… *20*
3.3 垂直解像度および水平解像度 ……………………………………… *23*
3.4 走査方式の変換 ……………………………………………………… *26*
3.5 カラーテレビジョンの色再現 ……………………………………… *28*
3.6 カラーテレビジョン信号の基本形式 ……………………………… *32*

3.7 ガンマ補正処理 …………………………………………………… 34
3.8 定輝度の原理 ……………………………………………………… 35

4. アナログカラーテレビジョンの信号形態

4.1 NTSC方式によるカラーテレビジョン信号の伝送 …………… 37
 4.1.1 搬送波抑圧直交変調方式 ……………………………………… 37
 4.1.2 輝度信号と搬送色信号の周波数インタリーブ ……………… 41
4.2 他の国のカラーテレビジョン方式：PAL, SECAM …………… 44
4.3 アナログ信号形態によるカラーテレビジョン方式の展開…… 45
 4.3.1 EDTV ……………………………………………………… 45
 4.3.2 MUSE ……………………………………………………… 46
4.4 信号伝送の基礎 …………………………………………………… 48

5. ディジタルカラーテレビジョンの信号形態

5.1 カラーテレビジョン信号のディジタル化……………………… 53
5.2 各種ディジタル信号規格 ………………………………………… 55
 5.2.1 コンポジット信号のディジタル化 …………………………… 55
 5.2.2 コンポーネント信号のディジタル化 ………………………… 57
5.3 その他の映像信号フォーマット：テレビ電話，パソコン系………… 60
5.4 関連用語…………………………………………………………… 63

6. ディジタル映像における情報圧縮

6.1 映像圧縮の実用化状況…………………………………………… 66
6.2 映像圧縮の一般的手法…………………………………………… 67
6.3 空間的冗長度の除去 — 離散コサイン変換（DCT）と量子化 ……… 69

| | 目　　次 | v |

6.4　時間的冗長度の除去 — 動き補償予測 ································ 72
6.5　統計的偏りの利用 ·· 74
6.6　圧縮，復元の全体構成 ··· 76

7.　映像のディジタル変調，誤り訂正

7.1　伝送用ディジタル変調 ·· 78
　7.1.1　単一搬送波による変調 ··· 78
　7.1.2　複数搬送波による変調 ··· 81
7.2　記録用ディジタル変調 ·· 83
　7.2.1　データのランダム化 ·· 84
　7.2.2　データのブロック変換 ··· 85
7.3　符号誤りの訂正 ··· 86
　7.3.1　符号間距離 ·· 87
　7.3.2　誤り訂正符号の実際の使用形態 ································· 89

8.　撮像システム

8.1　テレビカメラと撮像素子 ··· 91
　8.1.1　テレビカメラの構成 ·· 91
　8.1.2　撮像素子の基本機能 ·· 92
8.2　撮　　像　　管 ··· 93
8.3　固体撮像素子 ·· 94
　8.3.1　CCD撮像素子 ·· 95
　8.3.2　CMOS撮像素子 ··· 96
8.4　3原色信号への色分解 ··· 97
8.5　カラーテレビカメラにおける撮像素子数 ···························· 98
　8.5.1　3撮像素子カラーテレビカメラ ··································· 98

8.5.2　単一撮像素子カラーテレビカメラ……………………… 99
　8.6　テレビカメラにおける信号処理………………………………… 99
　　8.6.1　非線形処理………………………………………………… 99
　　8.6.2　輪郭強調……………………………………………………100
　　8.6.3　色補正………………………………………………………101

9. 映像表示システム

　9.1　表示システムの基本機能と種類………………………………103
　9.2　自己発光型表示素子……………………………………………104
　　9.2.1　受像管………………………………………………………104
　　9.2.2　プラズマ表示素子…………………………………………106
　　9.2.3　発光ダイオード表示素子…………………………………107
　　9.2.4　有機EL表示素子……………………………………………107
　9.3　光変調型表示素子………………………………………………107
　　9.3.1　液晶表示素子………………………………………………107
　　9.3.2　マイクロミラー表示素子…………………………………109
　9.4　投射型表示システム……………………………………………110
　9.5　マルチ画面表示システム………………………………………110
　9.6　3次元表示システム……………………………………………111

10. 映像記録システム

　10.1　アナログ記録からディジタル記録へ…………………………114
　10.2　磁気テープ記録…………………………………………………116
　　10.2.1　回転ヘッド…………………………………………………116
　　10.2.2　ヘリカル走査………………………………………………117
　　10.2.3　VHS方式……………………………………………………118

10.2.4　DV　方　式 ………………………………………… *119*
10.3　光ディスク記録 …………………………………………… *121*
10.4　ハードディスク記録 ……………………………………… *123*
10.5　半導体メモリ記録 ………………………………………… *124*
10.6　ランダムアクセス性，高速性と新しい記録機能 ……… *125*
　　10.6.1　ランダムアクセス性 ………………………………… *125*
　　10.6.2　高　速　性 …………………………………………… *127*

11.　放送システムへの応用

11.1　テレビジョン放送方式 …………………………………… *128*
　　11.1.1　地上波放送と衛星放送 ……………………………… *128*
　　11.1.2　放送用映像フォーマット …………………………… *128*
11.2　テレビジョン放送システムの変遷 ……………………… *130*
11.3　デジタル放送 ……………………………………………… *131*
11.4　将来の放送形態例 ………………………………………… *133*

12.　映像通信および映像配信システム

12.1　関連通信システムの進展 ………………………………… *135*
　　12.1.1　インターネット ……………………………………… *135*
　　12.1.2　モバイル通信 ………………………………………… *137*
　　12.1.3　CATV とその他の通信系 …………………………… *138*
12.2　テレビ電話，テレビ会議 ………………………………… *142*
12.3　映像配信システムの要素技術 …………………………… *144*
　　12.3.1　映像配信の形態 ……………………………………… *144*
　　12.3.2　限　定　受　信 ……………………………………… *145*
　　12.3.3　コンテンツ保護 ……………………………………… *147*

12.4 映像配信システムの応用例…………………………………… 148
　　12.4.1 ホームサーバ………………………………………… 149
　　12.4.2 ITS ……………………………………………………… 150
12.5 関 連 用 語………………………………………………………… 152

引用・参考文献 …………………………………………………… 154
索　　　　引 …………………………………………………………… 158

1 映像システムの概要

映像システムの中心であるテレビジョンの要素技術とその発展経過を簡単に触れ，その応用分野の現状を述べ，本書が念頭に置く技術範囲を概観する。

1.1 テレビジョンの要素技術

はるか昔，文字の発生以前から絵によって情報を伝えていた。絵画による情報発信は近世まで行われていて，ナポレオンが絵画を広報メディアとして利用したのは有名である。

19世紀前半に発明された写真によって情報の写実性が著しく向上した。その後，映画によって動画像の表示が可能となり記録映画，映画芸術の分野が大きく花開いた。

映像システムの基本であるテレビジョンは文字どおり，遠隔地の状況を実時間で見られるリアルタイム性が最大の特徴であり，グローバル時代を象徴する技術である。

映像とは2次元または3次元上に形成された視覚情報であり，テレビジョンや映画のように一過性の動画像を意味する[1]†。ただし，映像システムで取り扱うものは単に映像のみならず，映像にかかわる音声，音楽であり，また，マルチメディア時代といわれるように静止画やコンピュータグラフィックス (CG)，データ，字幕，さらにはソフトウェアなども関連情報として取り扱う。

映像システムの中心となるテレビジョンは1950年代から放送を中心に実用

---

† 肩付数字は巻末の引用・参考文献の番号を示す。

1. 映像システムの概要

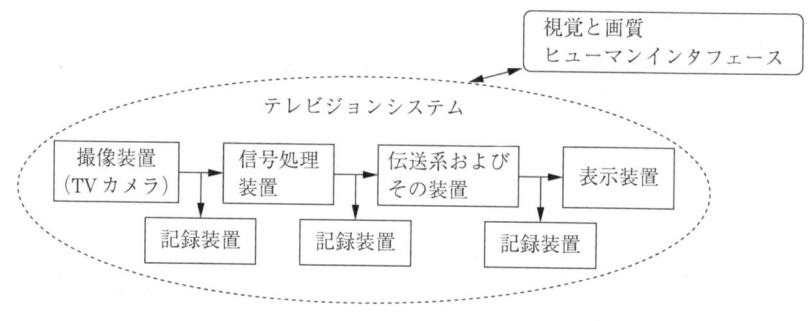

図1.1 テレビジョンシステムの要素技術

化が進められた。**図1.1**に示すように，撮像，表示，伝送，記録などの要素技術から構成される。

撮像は被写体からの光を電気信号に変換するものであり，テレビジョンの入力部に相当する。表示はその逆で，電気信号を光に変化させて2次元像を目に見えるようにするもので，出力部に相当する。

この入出力部分（撮像素子，表示素子など）はアナログ的要素が強い部分であり，使用する素子の種類に応じて特有な技術が必要である。また，人とのかかわりも強いので，視覚などのヒューマンインタフェースを十分に考慮する必要がある。

伝送はテレビジョン本来の遠隔地を結ぶために必要な技術であり，いまや衛星，光ファイバを用いて全地球がつながっているといえる。

伝送系の容量は有限であるので，画質を劣化させないで，撮像系から得た映像信号を伝送系に適した信号形態に変換する信号処理が必要となる。

放送番組は単にリアルタイムの映像を送信するだけでなく，多くの番組を編集して魅力あるものにしている。このため，映像の記録の重要性は映画の例を挙げるまでもなく理解できるであろう。

Q 1.1 図1.1の三つの記録装置の特性，仕様はそれぞれどのように異なるか。

1.2 テレビジョンおよび映像システムの進展

開発当初のテレビジョンは白黒（モノクロ）であった．その後，日本では 1960 年に **NTSC**（National Television System Committee）**方式**（4 章参照）によるカラー放送が開始された．この方式が標準方式，**SDTV**（standard definition television），あるいはディジタルテレビに対してアナログ方式などといわれる現用方式である．

1980 年代から，その SDTV に比べて走査線数を 2 倍程度増加させ，約 5～6 倍の鮮鋭度のある**高精細テレビジョン**（high definition television，**HDTV**，日本ではハイビジョンと呼ぶことが多い）が開発されてきた．最近，その実用化によって大型表示装置に対する大きなニーズをもたらしている．

一方，テレビジョンと同様に 50 年代にその開発がスタートしたコンピュータは半導体のディジタル演算素子に大きな進展をもたらし，ディジタル信号処理の利用を容易にした．

この流れに沿って，映像信号処理回路のディジタル化とともに，ディジタル記録，ディジタル伝送技術などディジタル化技術が 1990 年代から本格化してきた．その結果，画質の安定化，機器の保守の容易化，さらには小型化などが実現された．

90 年代以降，映像圧縮の符号化技術およびディジタル通信技術の進展は目覚しく，1）ディジタル化した映像信号はもはや音声，文字，データなどのその他の情報と区別なく取り扱うことができること，2）従来のアナログ伝送に比べて伝送効率がよく，多チャネル化が可能である，という利点が明確となった．

このことはテレビジョンシステム全体のディジタル化というべきデジタル放送[2]～[4][†]を生んだ．各種の映像フォーマットに対応する多様性，視聴者参加型

[†] 映像情報メディア学会では，後ろに"放送"が付く場合のみ，固有名詞扱いとし，「デジタル放送」と「ィ」をとっている．本書でも，この規則に従い，そのように表記した．

など双方向性などとともに，多視点映像サービス，ニュース・天気予報などの常時視聴可能サービスなど多くの新機能が実現されつつある。

一方，圧縮したディジタル映像が通信ネットワークを介して送受信できるようになり，テレビ電話，テレビ会議という映像通信だけでなく，従来から閉回路テレビジョンシステムと呼ばれていた監視システムや企業内テレビジョンシステムがネットワークされたことによって新たなニーズを生んだ。

さらに，インターネット，携帯電話，マルチメディアの処理OSなどの発展とともに，映像を含むマルチメディア配信システムが大きく進展した。

単に，エンターテーメント的なものだけでなく，**ITS**（intelligent transport systems，**高度道路交通システム**），医療，電子図書館，電子商取引など情報化社会の情報インフラとしても重要な位置を占めている。

図1.2にこれら映像システムの応用分野とそれを支える要素技術を示した。なお，図形の大きさはニーズの大きさに必ずしも対応していないが，関連する

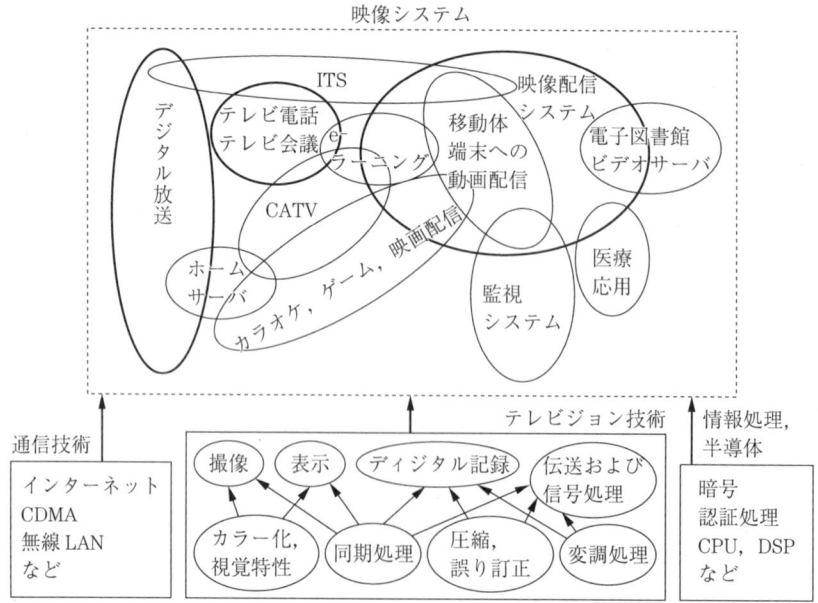

図1.2　映像システムの応用分野とそれを支える要素技術

システムを示している．もちろん，これらの関係は変化，進展するものである．最近の動向を見るには学会誌の年報[5]が参考になる．

Q1.2 TVカメラを備えたロボットの応用システムを図1.2の中に書き込みなさい．

なお，映像システムは子供あるいは大人がアミューズメントとして使う場合と，ビジネス用途の場合もあり，それぞれに適した操作方法，使い勝手に関する工夫が重要である．このような技術は図には示さなかったが，要素技術として考えるべきである．

1.3 ディジタル技術の特徴

新しい映像システムを構築するうえで，ディジタル技術を利用することは不可欠と思われるので，映像システムにおけるディジタル技術の主な特徴をまとめておく．

(1) noise immunity がよい，すなわち雑音に強い（7章および10.1節参照）．

コーヒーブレイク

大きな国際会議と小さな国際会議

大きな国際会議は数千人規模の参加者で，多くの発表セッションが平行して進行され，オリンピック的な要素があり，最先端技術やその関連技術の動向を把握するうえで重要である．しかし，ある特定のセッションを取り上げれば，その参加者はせいぜい100〜200人の規模であり，多くの場合，そのセッション関係者だけの小さな国際会議をもっていることが多い．

このような小さな国際会議に参加できれば，世界レベルの専門家と親密な交流ができる．また，同世代の外国の仲間をつくりやすく，今後グローバルな活動をするうえで役立つはずである．小さな国際会議への参加を強く薦める．

なお，討論はつねに give and take のマナーを守ることが長い付合いの秘けつである．

(2) そのハードウェアもソフトウェアも簡単にコピーができ，大量生産が簡単にできることである。ただし，このことはディジタル映像の知的財産権の保護を強固にしなければならないという新たな課題をもたらした（12.3.2 項および 12.3.3 項 参照）。

(3) アナログ装置は，高価，方式変更の周期が長い，人が機械に合わせる，という側面をもっていたのに対し，ディジタル装置では，低コスト，スケーラブル，多様性，機械が人に合わせる，装置を分散して配置する，など新たな特性をもっている。

以下の章において，これらの具体例や詳細な説明を行う。

2 視覚と画質

表示画面のアスペクト比や毎秒像数などテレビジョンの基本仕様と人の視覚特性の関係を簡単に触れ，さらにカラーテレビジョンにおいて必須となる色再現を議論する前段階として，明るさおよび色の感じ方の定量化など，色に関する基本事項をまとめる[6]~[8]。

2.1 表示画面のアスペクト比

各種の映像システムではそのシステムに適した表示画面サイズや**アスペクト比**（aspect ratio）が採用される。

表示画面サイズは携帯TV電話やプロジェクションTVなどからわかるように，同じテレビジョンシステムでも，その利用状態に大きく依存する。

一方，アスペクト比は図2.1に示すように，画面の横方向の幅と縦の長さの比であり，視覚に関係する一つのパラメータである。

例えば，ハイビジョン（HDTV）などいわゆるワイド画面と呼ばれるものは，主観評価実験に基づき16：9に設定されている。この値は，視覚系の瞬間

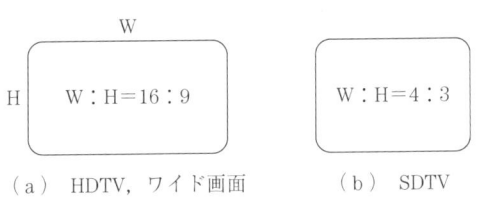

図2.1 テレビジョン画面のアスペクト比

的な受容可能な視野が水平30°，垂直20°であることに対応している．なお，SDTVではアスペクト比が4：3である．

画面サイズが大きくなるとともに，好ましいアスペクト比は広くなる傾向であり，ハイビジョンの設定は技術の発展方向に合わせたものである．

なお，映画では，広範囲のアスペクト比のものが採用されている．例えば，シネマスコープでは臨場感を強く意識して，横長の2.35：1となっている．

2.2 毎秒像数

テレビジョンや映画では，被写体の運動を時間軸方向で標本化して，動きを得ている．ただし，映像枚数/秒が少ないと画面のちらつき，すなわち**フリッカ**（flicker）が感知される．フリッカが見えなくなる周波数（critical flicker frequency，**CFF**）は表示画面の明るさ（輝度）に依存する．

図2.2にその関係を示す．図からわかるように，CFFは輝度の対数にほぼ比例する．これを**フェリー・ポーターの法則**（Ferry-Porter's law）という．

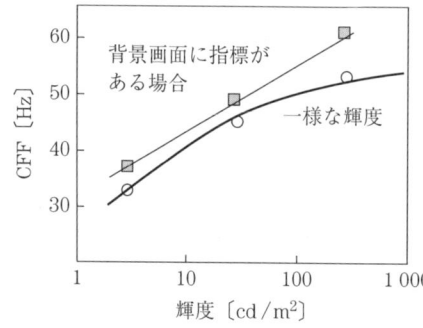

図2.2 輝度あるいは指標輝度に対するフリッカが見えなくなる周波数

Q 2.1 物理的な量に対する人間の感覚の関係には，上記のように対数関係であるものが多い．その他の例を上げるとともに，その理由を考えなさい．

毎秒像数を60枚とすれば，200 cd/m² の画面輝度までフリッカなしで表示できることがわかる．また，この値であれば，目が追従できる最高速度（25～30°/秒）で動いている物体も観察できる[9]．

一方，暗い部屋で輝度を上げずに表示すれば，毎秒像数を下げてもフリッカが感知されない。例えば，映画は60枚/秒より少ない48枚/秒としている映像システムである。なお，映画では48枚/秒を実現するのに，24枚/秒のフィルム映像をシャッタで2度表示している。

なお，動いている物体に対する視力は動体視力と呼ばれ，速度が速いほど，視力は低下する。例えば，静止時に最も見やすい白黒のパターン P_0（具体的には，視角1°当り白黒パターンが3回繰り返されるもの）を，例えば12°/秒の等速で動かすと，P_0パターンに対するコントラストいき感度が約10 dB低下する。さらに，P_0パターンより3倍細かいパターン P_1 では，静止時には2 dB程度の応答低下であるが，12°/秒の動きがあると約27 dB低下する[10]。

2.3 視覚の空間的特性

前節の毎秒像数は視覚の時間的な特性に関係する。一方，静止映像の画質に直接的に影響するものは映像の鮮鋭度（技術用語としては解像度が主に使われる）であり，それは視覚の空間的特性に関係する。

その特性の一つである視力はその測定方法が国際的に定められており，図2.3のような環の切れ目を識別できる視角（単位は分）の逆数で定義される。標準的な視力1はその視角が1分（1°の1/60）の場合である。

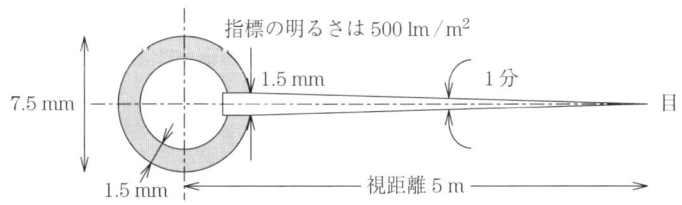

図2.3 ランドルド環による視力測定（視力1の場合）

解像度が十分に高い画面を見るときの好ましい距離（**視距離**（viewing distance））は，その視距離を表示画面の高さ（H）の何倍かによって表すと，静止画で視距離2〜3 H，動画で4 Hといわれている。

例えば，視距離 3 H とすると，視力 1 の人が画面上で区別できる最小幅は画面高さ H に対し，約 1/1 150 と計算できる。

テレビジョンでは 3 章（図 3.1 参照）で詳しく述べるように，2 次元の画面は，走査線と呼ばれる水平方向の細い表示ラインを上から下に，目が追従できない速度で移動させて構成している。

そこで，上記の最小幅を走査線の幅とすると，表示画面全体の走査線数は約 1 150 本となる。これは視力を考慮して，走査線数の目安を求めたことになる。なお，HDTV の一つであるハイビジョンにおける実際の走査線数の総数は 1 125 本である。

視力という一つの限界値でなく，視覚の空間的特性をさらに詳しく把握するため，画面の輝度を横方向にだけ，正弦波的明暗に変化させた平面パターンを観察者に示し，その変調度が感じられなくなる値から目の**空間周波数特性**（modulation transfer function，**MTF**）が求められている。

横方向を x 軸とすれば，輝度分布パターン $Y(x)$ は次式で与えられる。

$$Y(x) = B\{1 + m \cos (2\pi\nu x)\} \tag{2.1}$$

ここで，B は平均輝度，m は変調度，ν が x 方向の空間周波数である。

図 2.4 にその測定結果[11]を示す。図には，輝度すなわち明暗のパターンに

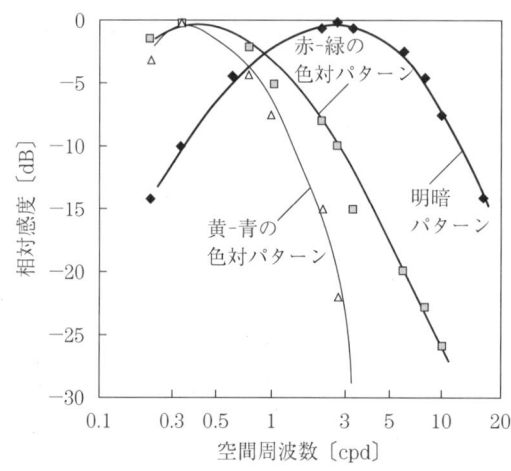

図 2.4 明暗パターンおよび色対パターンに対する目の空間周波数特性

対する応答とともに，輝度差のない色対パターン（色の区別が付きやすい補色的な関係2色を組み合わせる）に対する応答も併せて示した。なお，横軸の空間周波数は視角1°当りのパターンの繰返し回数（cycles/deg，cpd）である。

輝度のパターンに比べて色対パターンに対する目の空間周波数帯域は狭い。特に，黄：青のパターンに対する目の応答特性が低い。これらの目の空間周波数特性は，カラー映像信号の伝送，圧縮などの信号処理時に利用される[12]。

なお，式(2.1)は水平方向に輝度分布のあるパターンであったが，このパターン全体を傾けて，角度ごとの応答についても実験結果が報告されている。それによると，±45°に傾けた場合が最もレスポンスが悪く，相対レスポンスが6 dB低下する。その傾向は輝度パターン，色対パターンでは差がない[12]。

2.4 目が感じる明るさ（測光量）

目の網膜には性質の異なる2種類の受光部分がある。一つは網膜中心を除く全体に分布しており，$0.1\,cd/m^2$ 以下の暗い光に反応する約1億2 000万個の桿体（rod）であり，505 nmに最大感度をもっている。

一方，網膜の中心に集中して分布している錐体（cone）は，$10\,cd/m^2$ 以上の明るい光に反応し，明暗と色を識別できる。すなわち，錐体は最大感度が455，530，575 nmの3種類のものがある。3種類の総計は700万個である。

このような網膜の構成からわかるように，光源あるいは物体の色は，目に入る光の分光組成によって特徴づけられ，その結果，その明るさ（輝度），色合い（色相）および色の濃さ（飽和度）の三つの属性で表現される色感覚を得る。まず，その明るさについて述べる。

目に入る光の**分光放射束**（radiant flux，radiant power，単位時間当りに受光あるいは放射されるエネルギー，単位はワット〔W〕）を $F(\lambda)$ とすると，これに対応する人間の目が感じる明るさの測光量は**光束**（luminous flux，単位はルーメン〔lm〕）と呼ばれ，目が光の波長に対して異なる感度を有しているので，その**比視感度関数**（spectral luminous efficiency function）を $V(\lambda)$

とすると，光束 Φ_v は

$$\Phi_v = k_m \int V(\lambda) F(\lambda) d\lambda \tag{2.2}$$

で与えられる。ただし，$k_m = 683 \text{ lm/W}$ である。

式 (2.2) における $V(\lambda)$ は明るい場所での比視感度関数であり，図 2.5 に示すように，緑色の 555 nm において 1 となる。

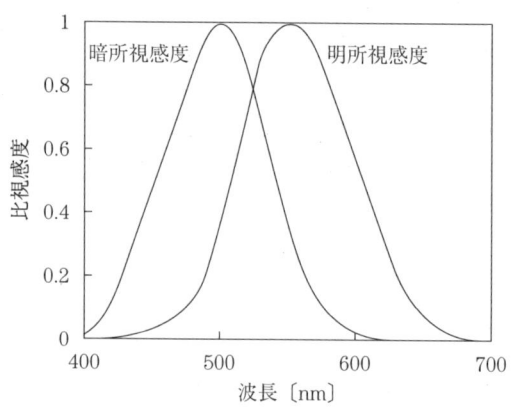

図 2.5　比視感度関数

暗い場所では網膜の桿体のみが反応するので，505 nm にピークをもつ暗所比視感度特性（この場合の視感度 k_m' は $k_m' = 1\,746 \text{ lm/W}$ である）となる。

いずれにしても，図からわかるように，人間の目は赤外線や紫外線に対して明るさを感じない。

ここで，輝度や照度など光束以外の代表的な測光量の定義をまとめておく。単位立体角当りの光束は**光度**（luminous intensity）I_v と呼ばれ，単位はカンデラ〔cd〕である。

輝度（luminance）L_v は光源の，観察する方向への正射影単位面積当りの光度として定義される。したがって，その単位は〔cd/m²〕となる。式で表せば

$$L_v = \frac{d^2 \Phi_v}{d\Omega dA \cos \theta} \tag{2.3}$$

である．ただし，$d\Omega$ は単位立体角，dA は単位面積，θ は光源の法線方向から観察する方向の角度をそれぞれ示す．

また，机の上の明るさや，照明が当てられた被写体の明るさを表す**照度**（illuminance）は，当該位置の単位面積当りに入射する光束として定義され，単位はルクス〔lx〕（$1\,\text{lx}=1\,\text{lm/m}^2$）である．

2.5 色の数値化（表色系）

映像システムにおいて，撮像する被写体の色とそれを表示する表示装置における色とができるだけ一致していること（色再現）は重要である．色再現など，色について議論するには，色を数値で表す表色系を理解する必要がある．

Q 2.2 映像システムにおいて，色再現以外の色に関する課題はどのようなものか．

さて，二つ以上の光源からの色をスクリーン上で重ね合わせる場合や，微小な色光源からの色が混ざって見える場合などは**加法混色**（additive mixture of color stimuli）と呼ばれ，例えば，赤色，緑色，青色の光ビームが混ざると白となる．

これに対し，色フィルタを重ねる場合（カラー写真），絵の具，ペンキなどを混ぜ合わせる場合などは**減法混色**（substractive mixture of color stimuli）で，シアン色，マゼンタ色，イエロー色の色フィルタを重ねると黒となる．

加法混色ではたがいに独立な三つの色刺激が存在している．すなわち，それらのどの二つの色刺激を混合しても他の色刺激とは等色しない，かつ，それらの色刺激を混ぜ合わせることによって，色刺激以外のすべての色が実現できる．

例えば，CIE 規格（1931 年）では，三つの独立な色刺激を R（700 nm），G（546.1 nm），B（435.8 nm）の単色光としている．これらをまとめて原刺激と呼ぶ．

CIE-RGB 表色系では基礎刺激として波長に対して等エネルギーである白色

W を選んで，これを等色するのに等しい 3 原色の量を，各原色の単位量としている。これを $[R]$, $[G]$, $[B]$ とすると，次式が成り立つ。

$$W=[R]+[G]+[B] \tag{2.4}$$

任意の色 F がそれぞれ RGB 単位で等色されるとすると，それは次式で与えられる。

$$F=R[R]+G[G]+B[B] \tag{2.5}$$

なお，R, G, B は **3 刺激値** (tristimulus values) という。さらに，任意の色光の分光組成が $F(\lambda)$ で与えられているときは，その 3 刺激値 R, G, B が

$$\left.\begin{array}{l} R=\int F(\lambda)\,r^*(\lambda)\,d\lambda \\ G=\int F(\lambda)\,g^*(\lambda)\,d\lambda \\ B=\int F(\lambda)\,b^*(\lambda)\,d\lambda \end{array}\right\} \tag{2.6}$$

で求められる。ここで，$r^*(\lambda)$, $g^*(\lambda)$, $b^*(\lambda)$ は上記の原刺激を用いて等エネルギーの各スペクトル光を順次等色させて求めたもので，**CIE-RGB 等色関数** (color matching function) という。図 2.6 にその等色関数を示す。

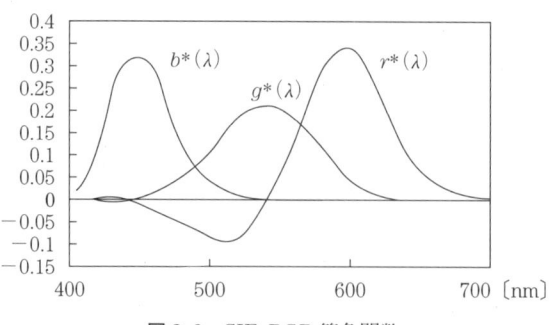

図 2.6　CIE-RGB 等色関数

R, G, B の 3 刺激値を用いる表色系では，原刺激が現実に存在する単色光であるという利点はある。しかし，図からわかるように等色関数に負の領域があること，R, G, B の 3 刺激値が測光量を示していないことなどの欠点がある。

このため，等色関数がすべての領域において正の値となり，かつ測光量を求めやすいものとするため，二つの原色 X，Z の視感度係数がゼロになるようにして，測光量が原色 Y の刺激値 Y だけで与えられる XYZ 表色系が構成された。なお，この条件を満たす X，Y，Z 原色は実在の色ではなく，計算上の虚の色である。

波長に対して等エネルギーの白色 W を等色する X，Y，Z 原色の単位量を [X]，[Y]，[Z] とすると，任意の色 F は X，Y，Z を3刺激値として

$$F = X[\mathrm{X}] + Y[\mathrm{Y}] + Z[\mathrm{Z}] \tag{2.7}$$

で表現できる。この3刺激値は次式で求められる。

$$\left.\begin{array}{l} X = \int F(\lambda) x^*(\lambda) d\lambda \\ Y = \int F(\lambda) y^*(\lambda) d\lambda \\ Z = \int F(\lambda) z^*(\lambda) d\lambda \end{array}\right\} \tag{2.8}$$

ただし，$x^*(\lambda)$，$y^*(\lambda)$，$z^*(\lambda)$ は RGB 表色系から式 (2.9) の変換式によって求められる。この $y^*(\lambda)$ は比視感度関数 $y(\lambda)$ と一致するものである。

$$\begin{bmatrix} x^*(\lambda) \\ y^*(\lambda) \\ z^*(\lambda) \end{bmatrix} = \begin{bmatrix} 2.7689 & 1.7517 & 1.1302 \\ 1.0 & 4.5907 & 0.0601 \\ 0 & 0.0565 & 5.5943 \end{bmatrix} \begin{bmatrix} r^*(\lambda) \\ g^*(\lambda) \\ b^*(\lambda) \end{bmatrix} \tag{2.9}$$

図 2.7 に XYZ 表色系の等色関数 $x^*(\lambda)$，$y^*(\lambda)$，$z^*(\lambda)$ を示す。なお，この関数は観測視野が狭い (1〜4°) 場合に適用されるもので，10°視野のものは別に求められている。

なお，色 F を表す際には，式 (2.7) によって求めた XYZ の3刺激値をそのまま用いないで，明るさを表す刺激値 Y と，3刺激値の和に対する各刺激値の比である色度 (x, y) とを用いる場合が多い。色度は $S = X + Y + Z$ として，$x = X/S$，$y = Y/S$ である。

各波長の単色光における色度 (x, y) を求めて，プロットしたものが図 2.8 の実線である。現実の光源，物体光は分光組成を有しているので，それら色度

16　2. 視覚と画質

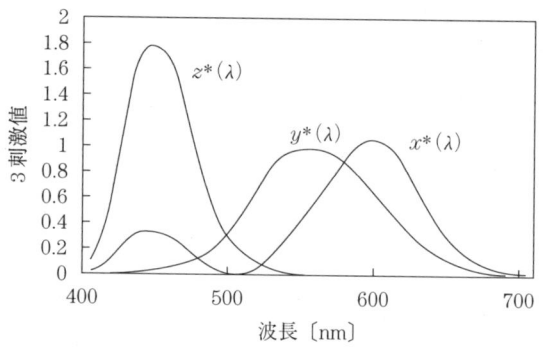

図 2.7　XYZ 表色系の等色関数（CIE 1931）

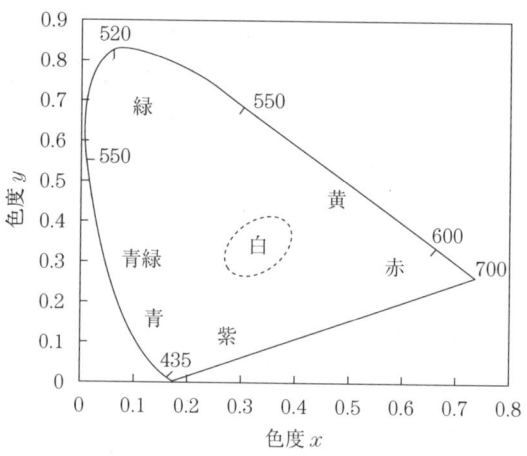

図 2.8　xy（CIE 1931）色度図

値はこの馬蹄形の内部に存在することになる。図は **xy 色度図**あるいは **CIE 1931 色度図**と呼ばれる。

　図には，代表的な色（色相）の位置を示した。馬蹄形の周辺輪郭部において最も色の濃さ（飽和度）が高く，中心に向くほど薄くなる。点線で囲った部分が白色と認識される。

　なお，図の xy 色度値においては，同じ明るさにおいて異なる色を与えてその違いが判別できる最小の色度差を求めると，その色の色相に応じてその色度差に大きな違いがあることがわかっている。xy 色度図はこの点に注意が必要

である。

このため，人の感覚的な色度差が，色相にかかわらず色度図のどの場所でもできるだけ等しくなるように，xy色度値から変換した値を用いるUCS色度図（あるいは$u'v'$色度図）が作成されている。

再度，式(2.6)あるいは式(2.8)に戻ると，$F(\lambda)$は光源または物体から反射または透過してきた光の分光分布であり，物体色の場合は，照明光の分光分布$P(\lambda)$と物体の分光反射率$\rho(\lambda)$の積に等しい。すなわち，よく経験するように，同じ物体でも照明の光源が変われば物体の色の見え方が変わる。

よって，それぞれの映像システムにおいて色を取り扱うには，照明光源を規定しておく必要がある。標準光源としてはつぎの三つが代表的である。

（1） **A 光 源**　絶対温度 2 856 K の黒体放射の光として定義されるもの。白熱電球に対応する標準光源。xy色度は(0.447 6, 0.407 4)である。

（2） **D_{65} 光 源**　絶対温度 6 504 K の黒体放射の光として定義されるもの。紫外域を含む昼光に対応する標準光源。xy色度は(0.312 7, 0.329 1)。ハイビジョンなどHDTVにおける基準の白色として，表色計算に用いられる。

（3） **C 光 源**　絶対温度 6 774 K の黒体放射の光として定義されるもの。可視域の昼光に対応する標準光源。xy色度は(0.310 1, 0.316 2)。

コーヒーブレイク

要約の要約

　文献や資料を読んで，整理することは重要である。そのとき，内容の要約はA4 1枚，あるいは200字程度にすることが多い。しかし，その要約をさらに印象深く，自分のものとするためには20字以下で要約することをお勧めする。技術のポイント，最も重要なことはなにかを見つける訓練にもなる。

　なにが重要かはその人がなにをやろうとしているかに依存する。20字の要約はその人の目的，目標を自ずと明確にするので，業務遂行にも役立つはずである。

SDTV の一つである NTSC 方式における基準の白色。

　これら標準光源に近い昼光色の人工光源は蛍光ランプやキセノンランプである。

　以上，映像システムの表色系についてその基礎を述べた。この表色系を用いたカラーテレビジョンにおける色再現については 3.5 節で取り上げる。

2.6　関連用語

（1）**マルチバンドカメラ**　　従来，被写体からの分光組成は 3 原色の刺激値で表現していた。より細かい分光組成を得て，色再現をさらに改善するために導入されたカメラ。5 あるいは 6 バンドの分光組成による検討が進められている[3]。

（2）**記憶色**　　過去の経験からある対象物のもつであろうと思う色あるいはその対象物の色として満足できる色のことで，本物の色とは必ずしも一致していないことが多く，また個人差も大きい。ただし，個人ごとの色再現を考慮する場合には重要となる。

（3）**マッハ効果**（Mach's phenomenon）　　明るい白領域と黒領域が隣り合せにある場合，そのエッジに当たる部分の明るい側はより明るく感じ，暗い側はより暗く感じる現象。

3 テレビジョン方式の基礎

2次元の動画像を取り扱うテレビジョン方式の基本的な信号処理およびカラー化方式，色再現について述べる[13],[14]）。

3.1 走査と同期

図 3.1 に示すように，テレビジョンシステムは，被写体の 2 次元映像を離れた場所で 2 次元映像としてリアルタイムで表示するものといえる。このとき，伝送路は 1 本の線路で特徴づけられるように，2 次元映像のままでは伝送できない。このため，2 次元映像を時系列の信号に変えるための**走査**（scanning）という処理が必要である。

すなわち，2 次元に配置された複数の受光素子には被写体像に対応した信号が蓄積され，1 枚の 2 次元蓄積映像は，例えば，最上ラインの左から右へ水平

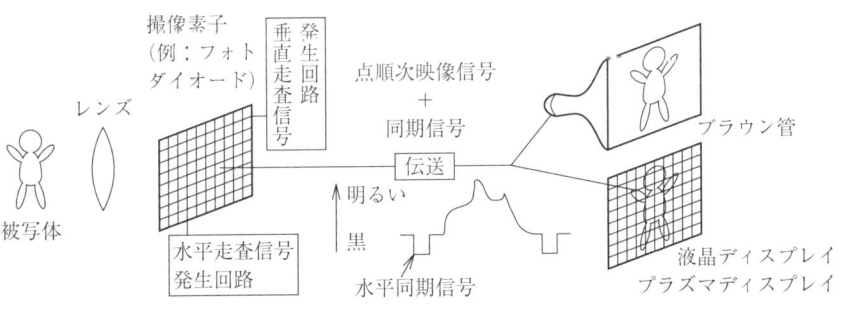

図 3.1 テレビジョンの原理的な構成

に画素信号が読み出される（**水平走査**（horizontal scanning））。さらに，同様に，つぎつぎと下のラインが読み出され（**垂直走査**（vertical scanning）），受光素子ごとの点順次の映像信号に変換される。

　受信側では，その時系列の信号を，複数の表示素子に対し，撮像時と同様な走査処理を介して2次元に配置する。表示素子が電気信号に応じた光信号を出力することによって，観察者はその映像を見ることができる。

　送信側と受信側の動作を時間的に相似な関係に保つために，時間基準として**同期信号**（synchronizing signal）を送る必要がある。

　図3.1のように伝送線路上の信号形態が連続的なアナログ信号では，映像信号には存在しない黒レベル以下の信号を用いて，水平，垂直走査の開始点を示す同期信号を挿入する。このように，同期信号を間欠的に送信して，伝送する映像信号の割合を増やしている。

　ディジタル信号として送信する場合でも，特定パターンからなる同期データを間欠的に送信することに変わりがない。

　テレビジョンシステムはリアルタイムの動画表示が基本であるため，同期信号の欠落は致命的な画質劣化を導く。したがって，同期信号における間欠的な送信と確実な同期再生とは相反する技術課題であり，新しい映像システムを構築する際には必ず考察する事項である。

　Q 3.1　同期信号の送信のように相反する課題を，各種システムに中で見つけよう。

3.2　走　査　方　式

2次元に配置された画素を走査する方式としては，**図3.2**に示すものが代表的である。

（a）**順次走査**（progressive scanning）　1水平走査を垂直方向にすき間なく，上から下へ走査して1画面（フレームという）を構成する方式。高精細化モニタやパソコンなどで使用される。

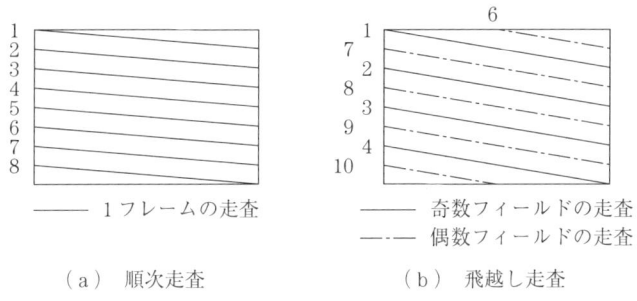

図 3.2 二つの走査方式の概念図

（b）**飛越し走査**（interlaced scanning）　1 枚の映像を垂直方向に荒く走査してフィールド画面を構成し，何回か（通常 2 回）の垂直走査で 1 フレームを構成する方法。図（b）は 2 フィールドで 1 フレームが構成されるので，インタレース比 2：1 の飛越し走査といわれる。SDTV 系の基本的な走査方式である。なお，図（b）は映像の構成に寄与しない走査線も含めて 11 本で 1 フレームとなっている。

2 章において述べたように，明るい場所での毎秒像数は 60 枚が望ましい。しかし，この像数を順次走査方式で送信すると，走査速度を速くしなければならない。すなわち，伝送系の必要周波数帯域が広くなる。

そこで，飛越し走査が 1950 年代に開発された。目の空間解像度は被写体の動きが速いほど低下する性質を利用して，飛越し走査では，フィールド当りの走査線数は少なくして，動きのある映像は解像度を犠牲にする。しかし，所定の毎秒像数を確保しても，順次走査のように走査速度を上げる必要がなく，かつ，静止画のような絵柄では実質的に順次走査と同等の走査線数となるという特徴がある。

具体的には，日米の SDTV である NTSC 方式ではインタレース比 2：1 で，59.94 フィールド/秒，29.97 フレーム/秒である。また，ヨーロッパ，中国などの SDTV 方式である PAL 方式ではインタレース比 2：1 で，50 フィールド/秒，25 フレーム/秒である。なお，ハイビジョンにおいては，インタレース比 2：1 で，60 フィールド/秒，30 フレーム/秒である。

22   3. テレビジョン方式の基礎

さて,走査過程を詳細に見ると,1水平走査ラインにおいて右端の画素まで行き,そこからつぎの走査ラインの左端画素まで戻る時間は,映像を構成する実質的な期間でない。

特に,テレビジョンシステムが開発された当時は撮像管,ブラウン管と呼ばれたように,電子ビームを用いた走査が利用されていたので,上記のラインごとに戻る(帰線)ための電子ビーム偏向は高電圧を必要とするもので,十分な時間余裕が必要であった。垂直走査においても同様である。

図3.3は各テレビジョン信号の1フレーム期間における**水平帰線**(horizontal blanking)**期間**,**垂直帰線**(vertical blanking)**期間**および**有効走査線数**(effective scanning line number)などを示したものである。走査期間の有効部分の比率は**有効走査率**(effective scanning ratio)と呼ばれる。

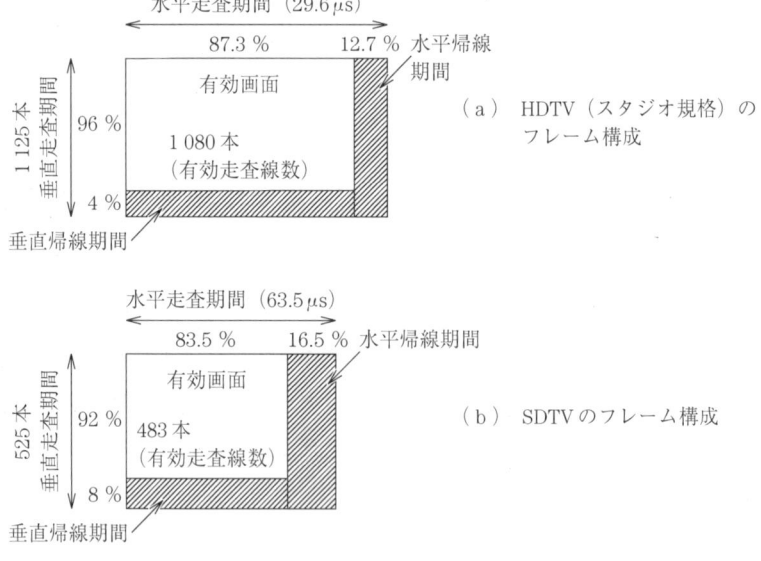

図3.3   各テレビジョン信号におけるフレーム構成

例えば,図(a)のHDTVの1フレームにおける走査線数は1125本であるが,垂直帰線期間があるので,画面構成に寄与する有効走査線数は1080本である。垂直帰線期間はフィールドごとに22.5本であり,垂直有効走査率は96

％となる.

　図（b）はSDTVのフレーム構成の一例である．水平，垂直ともに有効走査率はHDTVの値に比べて少ない．電子ビームによる偏向が必須であったことを裏づける．

　現在の撮像素子，あるいは液晶，プラズマなどの表示装置では走査が半導体素子のスイッチングによって行われるので，帰線期間はもっと短くできる．しかし，最近では，帰線期間は単に帰線のためのスイッチング期間でなく，映像データに関連する付加データを挿入する期間として使われる．また，各国の方式との共通化を図るために有効走査線数が規定されると，このことから逆に帰線期間が規定されることになる．

3.3　垂直解像度および水平解像度

　テレビジョンシステムの解像度は白黒のパターンが最高何本表示できるかを示す値として定義され，走査線との対応から，白 n 本，黒 n 本と数え，合計して解像度 $2n$ 本とする．

　（1）垂直解像度　図3.4（b）は走査線，図（c）は撮像素子上の水平な白黒パターンである．**垂直解像度**（vertical resolution）はこのような水平ラ

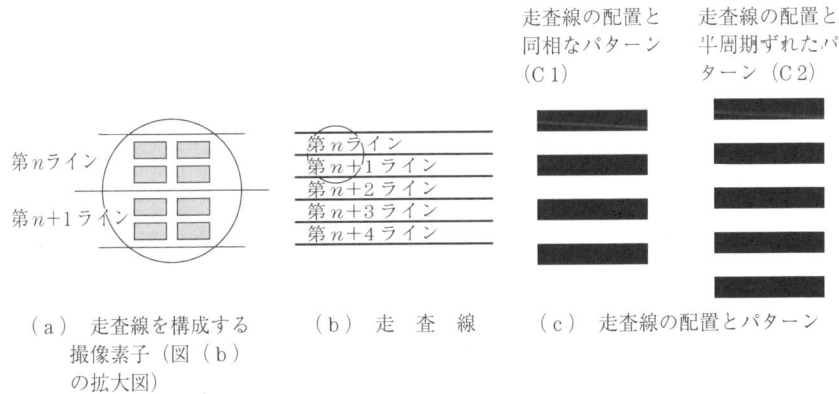

(a)　走査線を構成する撮像素子（図（b）の拡大図）　　(b)　走　査　線　　(c)　走査線の配置とパターン

図3.4　走査線と被写体像の位置関係による垂直解像度の低下

インを何本まで分解できるかを表す数値であり，基本的にはフレームを構成する走査線数に依存する．しかし，走査線の位置と被写体のパターンの位置関係に応じて，撮像出力において，白黒を分離できる場合（C1）と，灰色の出力となり分解できない場合（C2）が発生する．このため，走査線数に**ケル係数**（Kell factor）と呼ばれる係数分を考慮した値を垂直解像度としている．

ケル係数は，元々，撮像管や受像管が電子ビームで走査されており，ビーム形状と走査線幅，あるいは上記の走査線と被写体パターンの位置関係などの影響を視覚評価実験から求められたもので，0.7が一般的に用いられている．

なお，図（a）に示すように，最近では走査線幅より狭い間隔で撮像素子（あるいは表示素子）を配置する高精細仕様のものもあり，この場合は信号処理によってケル係数を1に近づけることが可能である．

垂直解像度に寄与する走査線数は画面に表示される有効走査線数であるので，垂直解像度は式（3.1）で与えられる．

$$\text{垂直解像度} = \text{有効走査線数} \times K = N_L \times K_v \times K \tag{3.1}$$

ただし，N_L は走査線数，K_v は垂直有効走査率，K はケル係数である．

（2）水平解像度　画面に縦の白黒のパターンとなる被写体を撮像し，それを表示する場合，最も細かい周期の白黒パターンに対しても，撮像素子や表示素子が十分に対処できる細かさを有しているとすると，その最も細かい周期の白黒パターンを規定するものはテレビジョンシステムの伝送帯域と走査速度である．

すなわち，水平の有効画面幅に映像信号の最高周波数 $f_{\max}$ の2倍の値に対応する白黒パターンが表示できる．よって，その白黒の合計数 P_N は $2 f_{\max} \times$ 有効水平走査期間である．この数は画面のアスペクト比に依存するので，垂直解像度と数値的に比較できるように，垂直方向に換算した値を**水平解像度**（horizontal resolution）と定義する．

なお，有効水平走査期間は次式（3.2）で与えられるので，水平解像度は式（3.3）となる．

3.3 垂直解像度および水平解像度

$$\text{有効水平走査期間} = \frac{K_h}{N_L \times f_F} \tag{3.2}$$

$$\text{水平解像度} = 2 f_{\max} \times \frac{K_h}{N_L \times f_F} \times \frac{H}{W} \tag{3.3}$$

ただし，K_h は水平有効走査率，f_F はフレーム周波数，H は画面の高さ，W は画面の水平幅である．

垂直解像度と水平解像度は通常，同じ値になるように設計されている．この条件のもとでは，走査線数が与えられると，映像信号の最高周波数 $f_{\max}$ は式 (3.1)，(3.3) から

$$f_{\max} = 0.5 \times K N_L^2 f_F \frac{K_v}{K_h} \frac{W}{H} \tag{3.4}$$

で与えられる．

例えば，SDTV 方式のパラメータは表 3.1 に示されているので，設計上の垂直および水平解像度は，$K=0.7$ として式 (3.1)，(3.3) から計算できる．すなわち

垂直解像度：$525 \times 0.7 \times 0.92 \fallingdotseq 338$ 本

水平解像度：$4.2 \text{MHz} \times 2 \div (525 \times 29.97) \times 0.835 \times \dfrac{3}{4} \fallingdotseq 334$ 本

であり，ほぼ同じ解像度に設定されていることがわかる．逆に，式 (3.3) で述べ

表 3.1 SDTV 方式の仕様パラメータ

フレーム当りの走査線数	525
インタレース比	2：1
アスペクト比	4：3
フィールド周波数	59.94 Hz
水平走査周波数	15.734 kHz
公称映像信号周波数	4.2 MHz
水平有効走査率	0.835
垂直有効走査率	0.92

表 3.2 HDTV（スタジオ規格）の映像信号パラメータ（抜粋）

フレーム当りの走査線数	1 125
フレーム当りの有効走査線数	1 080
インタレース比	2：1
アスペクト比	16：9
水平走査周波数	33.75 kHz
フィールド周波数	60.0 Hz
映像信号周波数	30 MHz
水平ブランキング幅	3.76 μs
垂直ブランキング幅	22.5 line

Q 3.2 表 3.2 の HDTV のスタジオ規格に基づき垂直，水平解像度を求める．ただし，ケル係数は 0.7 とする．

たように，同じ解像度になるように映像信号帯域が設定されているともいえる．

Q 3.3 BSディジタル放送の一つのモードであるアスペクト比16：9，有効走査線数483本，インターレース比1：1，フレーム数59.94 Hzを用いたプログレッシブTVの水平，および垂直解像度は同じとして，映像信号の最高周波数を求めよ．ただし，ケル係数は0.7，水平および垂直有効走査率はそれぞれ，0.84, 0.92とする．

Q 3.4 PAL方式では走査線数625本，アスペクト比4：3，映像周波数帯域5 MHz，インターレース比2：1，フィールド周波数 50 Hzである．水平および垂直有効走査率はそれぞれ，0.84, 0.9として，水平および垂直解像度を求めよ．ケル係数は0.7とする．

3.4 走査方式の変換

ここまで，テレビジョンシステムの基礎を理解するため，画面を構成する代表的なパラメータについて述べた．従来，これらのパラメータは撮像側と表示側とで同一であった．しかし，最近では伝送系がディジタル化されていることもあり，多機能化とともにパラメータ変換が要請されている．

すなわち，図3.5は表示系の仕様に合わせるため，撮像系のフォーマットが変換される例を示している．

送信側の撮像系では，アスペクト比，有効走査線数，走査方式が送信伝送路に応じて設定されている．

例えば，ディジタルテレビジョンの信号形態については5章で述べるが，ディジタル放送では1080I，720P，480P，480Iという4種類の映像フォーマットによって放送がなされている．ここで，数値は有効走査線数であり，Iは飛越し走査，Pは順次走査を示す．

映像信号とともにフォーマットパラメータが伝送され，受信側において，フォーマットを識別し，表示装置の仕様に合わせてフォーマット変換を行う．

例えば，最近の大型のディプレイでは順次走査の高精細表示を行うので，480Iの信号が順次走査の信号に変換される．

3.4 走査方式の変換

	アスペクト比	有効走査線数	走査方式
送信側(撮像)	4:3	480	I/P
	16:9	480	I/P
		720	P
		1080	I

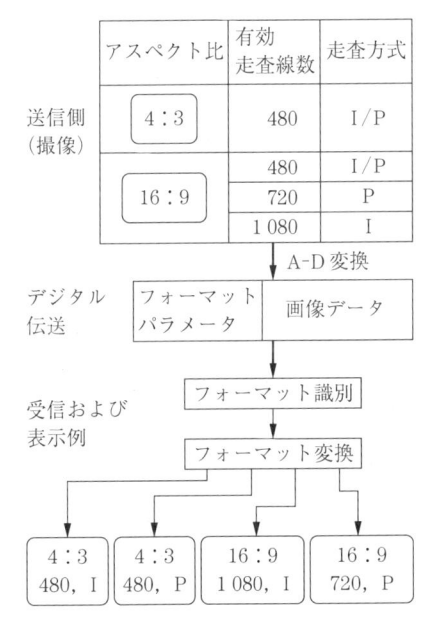

図 3.5 表示系の仕様に合わせたフォーマット変換の例

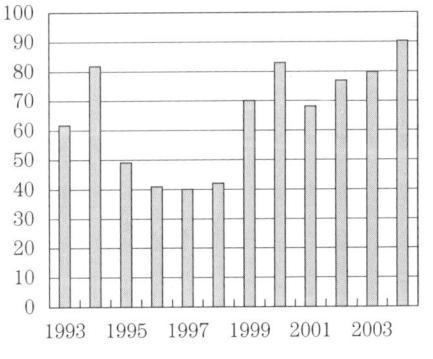

図 3.6 各年度における走査変換(飛越し走査から順次走査への変換)に関する公開特許公報の件数

また，パソコンは元々順次走査である．最近は静止画表示だけでなく，テレビジョンの動画を表示させるものが多い．このような場合も飛越し走査から順次走査へ変換を行うものがある．

図 3.6 は，飛越し走査から順次走査へ変換を行う処理に関する各年度の公開特許公報[15] (出願された特許明細書を約1年半後に公開したもの) の件数である．

1990年前半は，4章で述べるアナログテレビジョン方式における高画質化のための変換処理であり，2000年前後ではHDTVを含むディジタルテレビジョンと大型表示装置の出現を受け，その高画質化を図るための出願が多い．このように，同様な技術でも，時代の要請によってその解決課題が異なる．また，出願件数からは技術の注目度の変化がよくわかる．

一方，4:3のアスペクト比をもつSDTV信号をワイド画面のモニタに表示するには，アスペクト比の変換処理が必要である．

さらに，他のシステムとの連携のために必要な変換処理もある。例えば，映画は 24 フレーム/秒であり，これをテレビジョン信号とするため，30 フレーム/秒に変換する。

これらの変換においては，あるべき信号を予測して，信号を補間することが要求されるので，本章で述べた走査線構造などの基本知識だけでなく，映像における静止部分と動画部分の区別，動き部分の予測など画像処理的な知識が必要である。

Q 3.5 上記の例とは異なる変換処理としてどのようなものがあるか。

3.5 カラーテレビジョンの色再現

被写体の色をテレビジョンの表示装置でどのようにして忠実に再現するかは，テレビジョン放送を受ける受像機だけの課題ではなく，多くのテレビジョン応用システム（特に医療や商品販売ネットワークなど）でも重要な課題である。

図 3.7 はカラーテレビジョン系の概念図である。撮像系では，基準光源の分光組成 $P(\lambda)$ と物体の分光反射率 $\rho(\lambda)$ の積で表される光が，撮像特性 $S_R(\lambda)$，$S_G(\lambda)$，$S_B(\lambda)$ によってカメラ出力 E_R，E_G，E_B となる。式で表せば

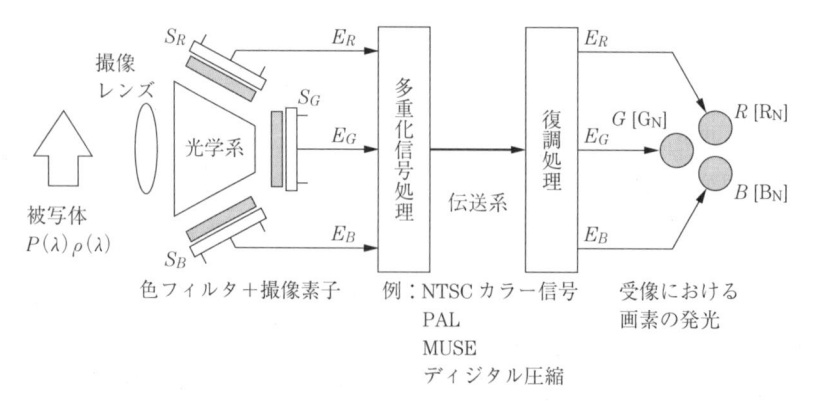

図 3.7 撮像から表示までのカラー信号の形態

$$\left.\begin{aligned} E_R &= \int P(\lambda)\,\rho(\lambda)\,S_R(\lambda)\,d\lambda \\ E_G &= \int P(\lambda)\,\rho(\lambda)\,S_G(\lambda)\,d\lambda \\ E_B &= \int P(\lambda)\,\rho(\lambda)\,S_B(\lambda)\,d\lambda \end{aligned}\right\} \quad (3.5)$$

である。

信号 E_R, E_G, E_B はなんらかの多重処理を行い，受信側に伝送される。その信号形式ついては次節で述べる。受信側では伝送信号を元の E_R, E_G, E_B に戻し（復調という），この3原色を発光させて映像を得る。

開発当時も現在も，カラー受像機の主流はブラウン管であり，電子ビームによって3原色の蛍光体を発光させる。この3原色は，2章で述べたCIE規格の単色光の3原色とは異なったものにならざるを得ない。

ここでは，SDTVの一つであるNTSC方式を例としてその**色再現**（color reproduction）を説明する。

NTSC方式の開発当時，蛍光体の製造・供給性，発光効率などが考慮され，受像機用3原色 R_N, G_N, B_N が決められ，また，標準光源Cが基準白色 W_N とされた。

表3.3にNTSC方式，およびHDTV，CIEにおける基準色の色度を示す。なお，HDTVでは蛍光体の進歩もあり，より広い色再現が考慮され，NTSC方式とは異なる値が選定された。

表3.3 NTSC方式，およびHDTV，CIEにおける基準色の色度

		NTSC		HDTV		CIE (1931)	
		x	y	x	y	x	y
3原色の色度	R	0.67	0.33	0.640	0.330	0.735	0.265
	G	0.21	0.71	0.300	0.600	0.266	0.726
	B	0.14	0.08	0.150	0.060	0.19	0.009 7
基準白色色度		標準光源 C		標準光源 D 65		分光組成がフラットな等エネルギー白色	
		0.31	0.316	0.312 7	0.329 0	0.333	0.333

3. テレビジョン方式の基礎

基準白色 W_N に対するこの3原色の単位量を $[R_N]$, $[G_N]$, $[B_N]$ で表すと, $W_N = [R_N] + [G_N] + [B_N]$ であり, 任意の被写体の色 F は

$$F = R_N[R_N] + G_N[G_N] + B_N[B_N] \tag{3.6}$$

である。この F は XYZ 表色系の3刺激値 X, Y, Z から

$$F = X[X] + Y[Y] + Z[Z] \tag{3.7}$$

で与えられる。

基準白色 W_N は標準光源 C であり, その分光組成から

$$W_N = 0.98[X] + 1.0[Y] + 1.181[Z] \tag{3.8}$$

が求められる。

NTSC における3原色の色度および基準白色 W_N の色度が表3.3のように与えられているとき, その3刺激値 R_N, G_N, B_N と3刺激値 X, Y, Z の間の変換マトリックスは式 (3.9) で与えられる。

$$\begin{bmatrix} R_N \\ G_N \\ B_N \end{bmatrix} = \begin{bmatrix} 1.9097 & -0.5324 & -0.2882 \\ -0.9850 & 1.9998 & -0.0283 \\ 0.0582 & -0.1182 & 0.8966 \end{bmatrix} \begin{bmatrix} X \\ Y \\ Z \end{bmatrix} \tag{3.9}$$

この逆変換式は式 (3.9) から

$$\begin{bmatrix} X \\ Y \\ Z \end{bmatrix} = \begin{bmatrix} 0.6060 & 0.1734 & 0.2006 \\ 0.2990 & 0.5864 & 0.1146 \\ 0 & 0.0661 & 1.1175 \end{bmatrix} \begin{bmatrix} R_N \\ G_N \\ B_N \end{bmatrix} \tag{3.10}$$

となる。

さて, 受像機画面上の画素の色 F_r は各原色の発光量を R_r, G_r, B_r として

$$F_r = R_r[R_N] + G_r[G_N] + B_r[B_N] \tag{3.11}$$

で与えられるので, 被写体の色が受像機で再現されるためには, $F_r = cF$ であればよい。ただし, c は定数である。すなわち, $R_r = cR_N$, $G_r = cG_N$, $B_r = cB_N$ である。

これを実現するカメラの撮像特性 $S_R(\lambda)$, $S_G(\lambda)$, $S_B(\lambda)$ は, カメラ出力が式 (3.5) のように $E_R = \int P(\lambda) \rho(\lambda) S_R(\lambda) d\lambda \cdots$ で与えられるので, E_R が R_N

3.5 カラーテレビジョンの色再現

に比例すればよい。言い換えると，$S_R(\lambda)$ はこの NTSC 基準原色のスペクトル3刺激値 $r_N^*(\lambda)$ で与えられることである。このスペクトル3刺激値 $r_N^*(\lambda)$ は，式 (3.9) の X, Y, Z に式 (2.9) の $x^*(\lambda)$, $y^*(\lambda)$, $z^*(\lambda)$ を代入して求められる。すなわち

$$\left.\begin{array}{l} S_R(\lambda) = s \cdot r_N^*(\lambda) \\ S_G(\lambda) = s \cdot g_N^*(\lambda) \\ S_B(\lambda) = s \cdot b_N^*(\lambda) \end{array}\right\} \qquad (3.12)$$

である。ただし，s は比例係数である。

この撮像特性は受像機の3原色の特性を含めて正しい色再現ができるという意味から NTSC の理想撮像特性（**図 3.8**）と呼ばれる。

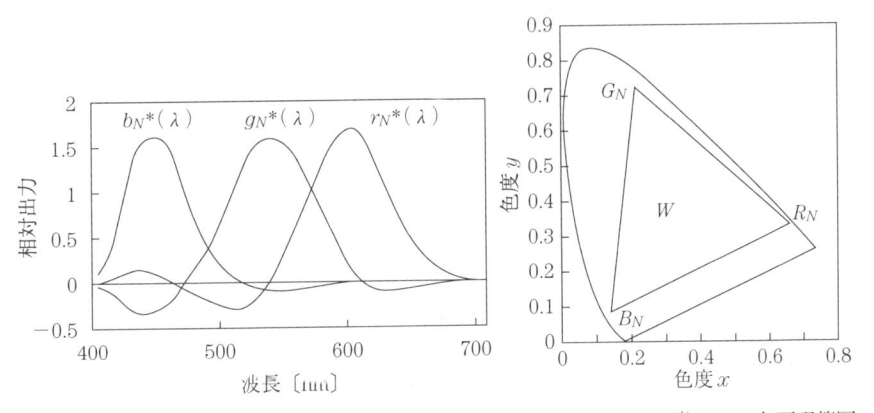

図 3.8 NTSC の理想撮像特性

図 3.9 NTSC 3 原色による色再現範囲

Q 3.6 図 3.8 を見て，理想撮像特性を実現するうえでの課題はなにか。

図 3.9 に NTSC 3 原色の色度値を示し，色再現できる範囲を三角形で表した。併せて，CIE による現実の色の範囲（図 2.8 参照）を示す。カラーテレビジョンでは現実のすべての色を表示できるものではないことが，この図からわかる。

3.6 カラーテレビジョン信号の基本形式

図 3.7 に再度戻って，3 原色の信号 E_R, E_G, E_B をそのまま伝送する方式では，画質の劣化がない代わりに，カラーテレビジョンが開発される前に実現していた被写体の輝度情報だけを伝送する白黒テレビジョンの 3 倍の帯域が必要である．

したがって，帯域の有効利用と，さらに白黒テレビジョンとの両立性を考慮して，白黒テレビジョンの帯域（4.5 MHz）と同じ帯域でカラーテレビジョン信号を伝送する方式が 1950 年代に開発された．

その一つが日米で使用された NTSC 方式であり，ヨーロッパでは PAL，**SECAM 方式**が開発された．その後，高精細化の要求が高まり，1980 年代に HDTV 信号を 8.1 MHz 帯域で伝送する **MUSE 方式**が開発された．以上の方式はアナログ信号処理を駆使した帯域圧縮であった．

その後，2000 年代になるとディジタル映像圧縮技術が放送にも導入され，例えば，地上波デジタル放送では，5.6 MHz 帯域（最大 23 Mbps）で HDTV 信号を 1 チャネル，あるいは SDTV を 2 チャネル伝送する．

この節では，NTSC 方式を中心に，これらの方式に共通なカラーテレビジョン信号の基本形式について述べる．

まず，一つの信号は，白黒テレビジョンの場合と同様に被写体の輝度を表す輝度信号 E_Y である．撮像特性が式 (3.12) を満たすとき，輝度信号 E_Y は式 (3.5) から次式で与えられる．

$$E_Y = 0.30\, E_R + 0.59\, E_G + 0.11\, E_B \tag{3.13}$$

輝度信号 Y 以外に送る信号 E_{C1}, E_{C2} は，2.5 節で述べたと同様に，xy 色度値でもよい．しかし，xy 色度値を表すもののうち，つぎの条件を満たす座標軸によって表現されるものが選択された．

すなわち，無彩色の撮像出力は $E_R = E_G = E_B = K_{grey}$ で与えられ，輝度信号も式 (3.13) から $E_Y = K_{grey}$ となるので，この無彩色の場合に，送信する信号

E_{C1}, E_{C2} がゼロになっていることは白黒テレビジョンとの互換性の点で有利である．このため，信号 E_{C1}, E_{C2} として，**色差信号**（color difference signal）E_R-E_Y, E_B-E_Y が選ばれた．

図 3.10（a）に NTSC における色再現の範囲と色差信号に対応する R-Y 軸，および B-Y 軸を示した．上で述べたように，$E_R=E_G=E_B=1$ の白色 W において両軸が交差する．

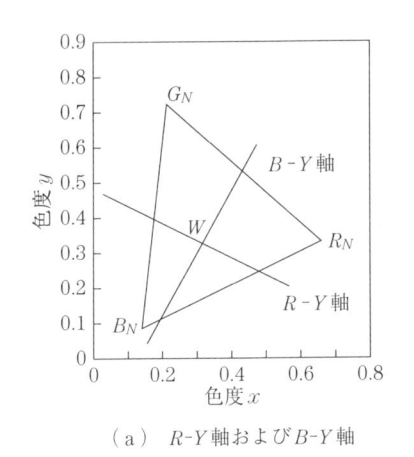

（a） R-Y 軸および B-Y 軸　　（b） I 軸および Q 軸

図 3.10　NTSC 3 原色の色度値および伝送のための色度軸

さらに，NTSC 方式では，図 2.4 で示した色対パターンに関する人間の空間周波数特性を考慮して，その広帯域軸と狭帯域軸に近い色度軸となるように，色差信号から次式によって変換した E_I, E_Q 信号を採用した．

$$E_I = -0.27(E_B-E_Y) + 0.74(E_R-E_Y),$$
$$E_Q = 0.41(E_B-E_Y) + 0.48(E_R-E_Y) \tag{3.14}$$

図（b）に，I 軸および Q 軸を xy 色度図上に示す．図からわかるように，色度図上では二つの軸は直交していないので，冗長性のある標本化である．しかし，図 2.4 の視覚の空間周波数特性を優先して，信号の帯域を制限している．

NTSC 方式では，輝度信号 E_Y は 4.2 MHz，色信号の E_I 信号は 1.3 MHz，E_Q 信号は 0.4 MHz の帯域に設定されている．

なお，図 3.7 での伝送系がディジタルを前提とし，放送以外の使用も念頭に

置いた SDTV のディジタル信号形式では，走査線 525 本の SDTV 方式の画質を十分に引き出すために，NTSC 方式の規格にこだわらず，広帯域の信号とする。ディジタル化の標本化周波数は 5.2 節で述べるように，輝度信号 13.5 MHz，色差信号 6.75 MHz であるので，これに対応して，例えば輝度信号帯域が 5.75 MHz，色差信号（$R-Y$ 信号および $B-Y$ 信号）帯域が 2.75 MHz を採用しているものがある。

また，ハイビジョンの受信端末では，輝度信号帯域 20 MHz，色差信号帯域 7 MHz が基本特性となっている。

いずれにしても，輝度信号，二つの色差信号がカラーテレビジョン信号の基本形式となっている。

3.7 ガンマ補正処理

NTSC 方式の開発当時，受像機はブラウン管方式が主流であった。そのブラウン管の電気-光変換特性は，入力電圧 E_{in} に対する発光出力 L は $L=E_{in}^{\gamma}$ で与えられ，通常 $\gamma=2.2$ である。

当然のことながら，テレビジョンカメラの撮像系とブラウン管の表示系を含めた総合系では，$\gamma=1$ でなければならない。

受信側でブラウン管の**ガンマ補正**（gamma correction）をすることは可能である。しかし，受像機にそれぞれガンマ補正回路を設けることがコスト的に割高になるとして，受像機のガンマ補正を送信側で行うことが開発当時に決定された。現在でもこのことが踏襲され，ハイビジョン（BTA 規格 S-001）においても，ガンマ補正は送信側で行っている。

すなわち，撮像出力，例えば E_R 信号のガンマ補正後の信号 $E_R{'}$ は

$$E_R{'}=E_R{}^{1/2.2} \tag{3.15}$$

となる。

3.8 定輝度の原理

3原色系を基とした E_Y, E_I, E_Q 信号伝送系においては，色信号にひずみ，例えば E_I の代わりに $E_I+\Delta I$ となっても，受像機の発光輝度には ΔI の影響が現れないという**定輝度原理**（constant luminance principle）が成り立つ。以下，これについて説明する。

まず，式 (3.13), (3.14) から，E_R, E_G, E_B を E_Y, E_I, E_Q で表した式に変形すると，次式で表される。

$$\left. \begin{array}{l} E_R = E_Y + 0.96\,E_I + 0.63\,E_Q \\ E_G = E_Y - 0.28\,E_I - 0.64\,E_Q \\ E_B = E_Y - 1.11\,E_I + 1.70\,E_Q \end{array} \right\} \tag{3.16}$$

ここで，$E_I = E_I + \Delta I$ として，これを上の式に代入して，誤りを含んだときの各 E_R, E_G, E_B を求める。表示装置の各蛍光体はこの E_R, E_G, E_B に比例

コーヒーブレイク

特許とその報酬

開発あるいは考案した新技術について特許出願を行い，特許庁がその発明を特許として認め，企業がその特許を使用し，利益が得られた場合，特許法に「その特許の発明者はその利益額，発明に至るまでの貢献程度に応じた対価を受ける権利がある」と記載されている。

企業は研究設備などの用意をしていることもあり，また，その特許を使った製品にはその他の技術も使われているので，その製品の中心技術に関する発明者であっても，その貢献の評価は数％程度であろう。それにしても，数十億の利益があるとすると，その対価は大きい。

同発明に関しては，先に出願した人のみが特許を認められる。プロスポーツより厳しく，対価は第1位の人のみに与えられる。

発明は製品に先立って出願するものであるので，数年先の技術動向を見極め，顧客の要求に合致した発明を出願しなければならない。また，他社がその特許を回避できないように特許実務上の多面的な検討が重要である。

して発光する。目に感じる輝度 V は，それぞれの色の発光量に視感度係数を乗じたものであるとすると

$$\begin{aligned}
V &= 0.30\,E_R + 0.59\,E_G + 0.11\,E_B \\
&= 0.30\{E_Y + 0.96(E_I + \Delta I) + 0.63\,E_Q\} \\
&\quad + 0.59\{E_Y - 0.28(E_I + \Delta I) - 0.64\,E_Q\} \\
&\quad + 0.11\{E_Y - 1.11(E_I + \Delta I) + 1.70\,E_Q\} \\
&= E_Y \tag{3.17}
\end{aligned}$$

となり，ΔI の影響が輝度には現れないことがわかる。同様に，E_Q が $E_Q + \Delta Q$ となっても，同様に輝度には影響しない。

ただし，この定輝度の原理は，ガンマ補正が行われた E_R'，E_G'，E_B' 信号系から作成した E_Y'，E_I'，E_Q' では成り立たないので，注意が必要である。

4 アナログカラーテレビジョンの信号形態

SDTV において日米が採用している NTSC 方式を中心に，ヨーロッパ，中国が採用している PAL，SECAM 方式を取り上げる。さらに，アナログ信号処理による広帯域化について触れる。

4.1 NTSC 方式によるカラーテレビジョン信号の伝送[16],[17]

カラーテレビジョン以前に実現していた白黒テレビジョンの帯域幅と同じ帯域幅でカラーテレビジョン信号を伝送するために，NTSC では二つのアナログ処理による帯域有効利用技術が開発された。すなわち
(1) 二つの色差信号を効率的に伝送する直交変調方式
(2) 輝度信号と直交変調された色差信号の周波数多重（周波数インタリーブ）方式

である。以下，これらについて述べる。

4.1.1 搬送波抑圧直交変調方式

無線や電話線などいわゆる伝送路線路を介して音声，映像信号などの情報信号を送る場合，伝送路線路に情報信号を直接入力することはほとんどない。なぜなら，伝送路線路はある特定の周波数帯域の信号しか伝送できないことが多い。したがって，その帯域内の周波数をもつ搬送波信号を選び，その搬送波信号の振幅，周波数，あるいは位相を情報信号に応じて変化させる変調処理を行った後に，送信する。

例えば，**振幅変調**（amplitude modulation，**AM**）は高周波の搬送波（carrier）信号 $\cos \omega_c t$ の振幅を情報信号 $v(t)$ によって変調する方式であり，次式で与えられる．

$$f(t) = A_0(1+v(t))\cos \omega_c t \tag{4.1}$$

この振幅変調は搬送波も送るので，送信電力が大きくなるので，搬送波抑圧変調では，$A_0 v(t) \cos \omega_c t$ だけを送り，間欠的に搬送波成分 $\cos \omega_c t$ を送る．

受信側では間欠的に送られてきた搬送波 $\cos \omega_c t$ を連続的に発生させ，搬送波抑圧の変調信号 $A_0 v(t) \cos \omega_c t$ と積演算を行う．すなわち

$$A_0 v(t) \cos \omega_c t \times \cos \omega_c t = \frac{1}{2} A_0 v(t)(1+\cos 2\omega_c t) \tag{4.2}$$

となる．

式 (4.2) からわかるように，ローパスフィルタによって出力信号の低周波成分を取り出せば，元の情報信号 $v(t)$ が復調される．

なお，受信側で発生させる搬送波信号は送信側で使った搬送波と位相まで一致している必要があり，その意味で**同期復調**（synchronous demodulation）または**同期検波**と呼ばれる．

このような搬送波抑圧の振幅変調が，輝度信号 E_Y の高周波領域に色信号を周波数多重する際に利用される．ただし，色信号は E_I 信号，E_Q 信号の 2 種類あるので，二つの変調信号 $E_I(t)$，$E_Q(t)$ を位相が 90°ずれた二つの同一周波数の搬送波 $\cos \omega_c t$ と $\sin \omega_c t$ によってそれぞれ搬送波抑圧の振幅変調し，その後加算して送信する．すなわち

$$\begin{aligned}E_{cm} &= E_I(t)\cos \omega_c t + E_Q(t)\sin \omega_c t \\ &= E_C \sin(\omega_c t + \theta)\end{aligned} \tag{4.3}$$

ただし

$$E_C = (E_I^2(t) + E_Q^2(t))^{1/2}, \quad \tan \theta(t) = \frac{E_I(t)}{E_Q(t)} \tag{4.4}$$

である．

この変調は，位相が 90°ずれた同一周波数の二つの搬送波を用いるので，**直**

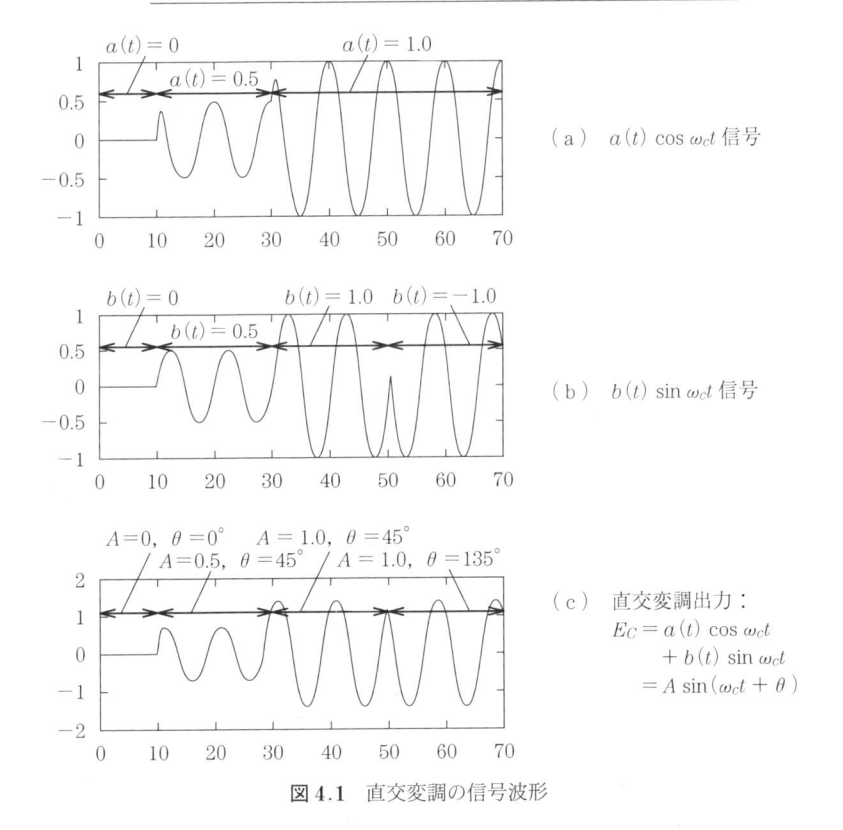

4.1 NTSC方式によるカラーテレビジョン信号の伝送

図 4.1 直交変調の信号波形

交変調（orthogonal modulation）または**2相変調**と呼ばれている。なお，直交変調の基本的な信号波形例を**図 4.1**に示した。

式 (4.4) から，伝送信号は振幅だけでなく位相にも情報をもつことになるので，伝送系の位相特性まで考慮する必要がある。

以上から，輝度信号 E_Y も含めた NTSC 信号 E_M の信号形式は次式で与えられる。

$$E_M = E_Y + E_I \cos(\omega_c t + 33°) + E_Q \sin(\omega_c t + 33°) \tag{4.5}$$

なお，33°の位相分は輝度レベルが高い黄色やシアンにおいて，多重する搬送波レベルが大きくならないようにするためのものである。

また，式 (3.14) の E_I, E_Q を式 (4.5) に代入して整理すると，次式とな

る。

$$E_M = E_Y + 0.877(E_R - E_Y)\cos\omega_c t + 0.493(E_B - E_Y)\sin\omega_c t$$
$$= E_Y + E_C \sin(\omega_c t + \theta) \tag{4.6}$$

すでに述べたように，受信側で $\cos\omega_c t$ および $\sin\omega_c t$ を発生する必要があるので，水平帰線期間内に基準となる ω_c の正弦波信号（**カラーバースト**(color burst）という。次節に述べるようにその周波数は 3.58 MHz である）を 9 サイクル分挿入している。

以下に，NTSC 方式におけるテレビジョン信号の具体例を用いて，伝送する色差信号を説明する。

例えば，黄色信号のうち最も彩度の高い黄色信号は，$E_R=1$, $E_G=1$, $E_B=0$ である。よって，その輝度信号 E_Y のレベルは，式 (3.13) から

$$E_Y = 0.3 + 0.59 = 0.89$$

となる。また，式 (3.14) から

$$E_I = -0.27 \times (0-0.89) + 0.74 \times (1-0.89) = 0.321$$
$$E_Q = 0.41 \times (0-0.89) + 0.48 \times (1-0.89) = -0.312$$

であり，式 (4.6) から直交搬送波のそれぞれのレベルは

$$0.877 \times (1-0.89)\cos\omega_c t + 0.493 \times (0-0.89)\sin\omega_c t$$

で与えられるので，合成した搬送波 $E_C \sin(\omega_c t + \theta)$ はその振幅 E_C が 0.45，位相角 θ が 168° となる。

図 4.2 に E_I 信号軸，E_Q 信号軸，$R-Y$ 信号軸，$B-Y$ 信号軸，カラーバースト信号軸などとともに，最も彩度の高いイエロー（黄）信号の搬送信号のベクトル表示を示す。

彩度が薄くなれば，位相角は同じでベクトルの長さが短くなる。搬送色信号においては，振幅 E_C（図のベクトル表示ではベクトルの長さ）がその色の彩度を表し，位相角 θ がその色相を表す。最も彩度の高い青信号，緑信号の例も併せて示した。

表 4.1 に代表的な色における輝度信号値および搬送色信号値を示す。シアン(Cy)，マゼンタ (Mg)，イエロー (Ye) は赤，緑，青とそれぞれ補色関係に

4.1 NTSC 方式によるカラーテレビジョン信号の伝送　　41

図 4.2　伝送する色差信号のベクトル表示例

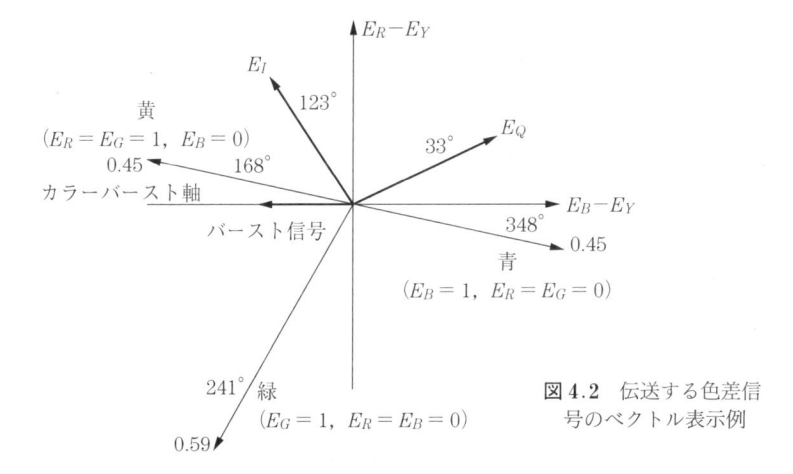

表 4.1　代表的な色における輝度信号値および搬送色信号値

	E_R	E_G	E_B	E_Y	E_C	θ
白	1	1	1	1	0	
イエロー	1	1	0	0.89	0.449	168
シアン	0	1	1	0.70	0.632	284
緑	0	1	0	0.59	0.594	241
マゼンタ	1	0	1	0.41	0.594	61
赤	1	0	0	0.30	0.632	104
青	0	0	1	0.11	0.449	348
(灰色)	0.5	0.5	0.5	0.5	0	

なっている．また，参考のために，無彩色である $E_R=E_G=E_B=0.5$ の灰色についてもその値を示した．

4.1.2　輝度信号と搬送色信号の周波数インタリーブ

前節において，二つの色差信号を ω_c の角周波数をもつ搬送波によって直交変調し，輝度信号と加算してカラーテレビジョン信号の構成をすることを述べた．その式 (4.6) を周波数領域で示すと図 4.3 のように表される．明らかに，輝度信号と搬送色信号は周波数的に重なっており，表示画面上において搬送色信号が輝度信号の妨害信号として見える可能性がある．このため，以下の条件が考慮された．

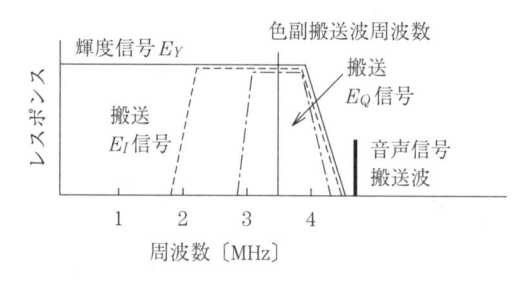

図 4.3 NTSC 信号の周波数領域による表示

(1) **色副搬送波**（color subcarrier）（副と付けるのは，式 (4.6) のカラーテレビジョン信号自体が例えば放送波で伝送されるために，ある搬送波の変調信号となっているためである）ω_c の周波数 f_{sc} は水平走査周波数 f_H の 1/2 の奇数倍に選ぶ。これによって，色副搬送波は走査線ごとに反転し，かつフレームごとにも反転するので，目の積分効果によって視覚的に目立ちにくくなる。

(2) NTSC では色副搬送波周波数 f_{sc} と音声信号の搬送波周波数 f_A（4.5 MHz）とのビートが発生しても，そのビート周波数も水平走査周波数 f_H の 1/2 の奇数倍になるように設定される。

(1)，(2) から NTSC 方式の水平走査周波数 f_H は，f_A の整数分の 1 として白黒テレビの水平走査周波数（$30 \times 525 = 15\,750$ Hz）に最も近い値

$$f_H = 4.5 \text{[MHz]} \div 286 = 15\,734.264 \text{[Hz]}$$

が選ばれた。

f_{sc} は 3.6 MHz 付近において (1) の条件から

$$f_{sc} = \frac{1}{2} \times f_H \times 455 = 3.579\,545 \text{[MHz]}$$

と設定されている。なお，455 は $455 = 5 \times 7 \times 13$ と比較的簡単な素数の積となることが考慮されている。通常 3.58 MHz と略していわれることが多い。また，垂直走査（フィールド）周波数 f_V は

$$f_V = f_H \times \frac{2}{525} = 59.94 = \frac{60}{1.001} \text{[Hz]}$$

4.1　NTSC方式によるカラーテレビジョン信号の伝送

である。

以上，色副搬送波が視覚的な積分効果で見えにくいことを説明した．なお，図4.3において，色副搬送波以外の帯域部分でも色信号成分が輝度信号成分に多重化されている．この部分をさらに詳細に見る．

まず，隣接する水平走査線において，それらの輝度信号間の相関は通常，強いはずである．言い換えれば，輝度信号成分の周波数スペクトルは f_H の整数倍にピークをもっている．さらに詳しく見れば，フレーム周波数 f_F の整数倍にピークをもっている．一方，色副搬送波で変調された色信号スペクトルは，f_{sc} を中心にやはり f_H の整数倍にピークをもつので，図4.4に示すように輝度信号スペクトルと重ならない．

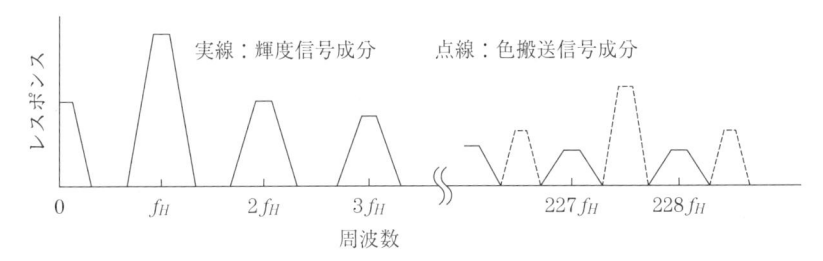

図4.4　輝度信号成分と色搬送波信号成分の周波数インタリーブ

この関係を周波数インタリーブという．輝度信号と色信号が周波数帯域を共有することになり，アナログ処理による一つの帯域圧縮ともいえる．

もちろん，輝度信号あるいは色信号も走査線ごとの相関が少ない絵柄もあるので，そのようなときは二つの信号間の妨害が現れる．当然のことながら，このような妨害に対処するための信号処理（クロスカラー除去，ドット妨害除去など）が検討されている．

具体的には，輝度信号と色信号の周波数インタリーブの関係を視覚的な効果に任せるのでなく，送信されてきたカラーテレビジョン信号から信号処理的に輝度信号と色信号を分離して，妨害のない広帯域の信号を得る．

周波数的にインタリーブしている信号をそれぞれ引き抜くフィルタは図4.4からわかるようにくしのように信号を取り出す必要があるので，くし形フィル

タと呼ばれている。

くし形フィルタは，水平走査期間に等しい遅延時間を有するラインメモリ，フレーム期間に等しい遅延時間を有するフレームメモリ，によって構成される。

以上のことから，NTSCカラーテレビジョン信号の送信側の信号処理ブロック（NTSCエンコーダ）は図4.5で与えられる[16]。

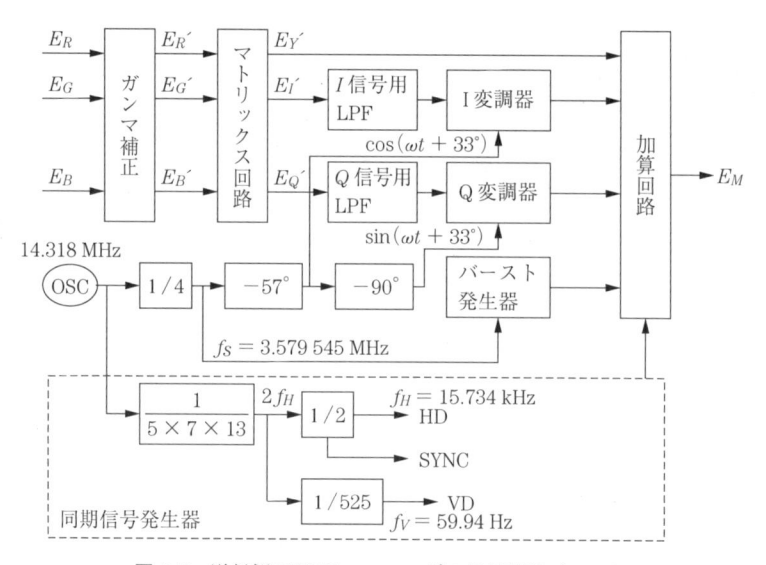

図4.5 送信側NTSCエンコーダの信号処理ブロック

4.2 他の国のカラーテレビジョン方式：PAL，SECAM[16), 17)]

PAL方式はドイツで開発されたSDTVの一つの方式で，英国，中国，ブラジルなどが採用している。走査線数は，625本，50フィールド/秒，25フレーム/秒，2:1インタレースであり，NTSC方式と同様に，色副搬送波によって$R-Y$信号および$B-Y$信号を直交変調し，輝度信号に多重する。ただし，$R-Y$信号の色副搬送波の位相は走査線ごとに180°反転させている。このため，**PAL**（phase alternation by line）**方式**と呼ばれる。式で書けば

$$E_{PAL} = E_Y + 0.877(E_R - E_Y)\cos\omega_c t \pm 0.493(E_B - E_Y)\sin\omega_c t \quad (4.7)$$

である。また，その色副搬送波の周波数 $f_{SC\text{-}PAL}$ は PAL の水平走査周波数を $f_{H\text{-}PAL}$ として

$$f_{SC\text{-}PAL} = \left(284 - \frac{1}{4}\right) \times f_{H\text{-}PAL} + 25 = 283.75 \times (625 \times 25) + 25$$
$$= 4\,433\,618.75\,\text{[Hz]} \tag{4.8}$$

で与えられる。

色副搬送波の伝送特性の改善や，輝度信号への妨害を軽減する技術が特徴である。

SECAM（sequential color and memory）**方式**はフランスで開発され，ロシアなどで採用されている SDTV 方式の一つで，走査線数は 625 本，50 フィールド/秒，25 フレーム/秒，2：1 インタレースと走査方式は PAL と同じである。

しかし，色差信号は色副搬送波によって周波数変調され，しかも，走査線ごとに $R-Y$ 信号，$B-Y$ 信号を交互に伝送する点が NTSC や PAL と大きく異なる。当然ながら，搬送波の位相が複数の走査線，フレームごとに反転されるなど輝度への妨害対策が織り込まれている。

4.3 アナログ信号形態によるカラーテレビジョン方式の展開

4.3.1 EDTV

SDTV と両立性を保ちながら，その高画質化への取組みの代表は **EDTV**[17]（extended definition television）である。ただし，コンピュータを中心とするディジタル機器の進展とともに，テレビジョンにおけるディジタル処理技術の導入が可能となり，デジタル放送によって多機能性，高い帯域圧縮技術などが実現されたため，アナログ信号形態によるカラーテレビジョンの方式的な検討はほぼ終息方向である。

EDTV では，これまで説明してきた SDTV における画質に関する課題を克服するため，以下のような技術が開発，検討された。

(1) 順次走査のテレビジョンカメラを開発し,高画質な撮像信号を得て,その後,飛越し走査の信号に電子的に変換して伝送する。また,受信側では飛越し走査の信号を順次走査に変換して表示する。

(2) 3.7 節で述べたように,ガンマ補正は送信側で行っている。このため,伝送後の受信側では高彩度映像の高周波特性が劣化することがわかっているので,これを補償する回路を受信機に追加する。

(3) 搬送色信号(C)と輝度信号(Y)とのそれぞれの相手方への妨害を取り除くには,正確な YC 分離処理が必要である。このため,従来のラインメモリだけでなく,フレームメモリも用いて,動画,静止画に応じた適応型 YC 分離処理を行う。

(4) 放送局においてゴーストキャンセラのための基準信号(GCR 信号)を垂直帰線期間に挿入(8 フィールドで 1 サイクルとなる)し,受信側で,伝送されてきた基準信号のひずみを演算する。演算結果に基づき,ゴースト除去フィルタのタップ係数を制御する。

(5) 色副搬送波とは異なる副搬送波(アメリカで fukinuki hole と呼ばれる場所に搬送波を設定する)を導入して,4.2 MHz 以上の高精細な輝度信号を追加する[18),19)]。

4.3.2 MUSE

走査線数を SDTV に比べて倍以上に設定し,SDTV と異なるテレビジョン路線の HDTV において,主にアナログ信号処理を駆使した **MUSE**(multiple sub-Nyquist sampling encoding)**方式**[20)]がディジタル方式に先立ち開発された。

MUSE 方式は,走査線 1 125 本,60 フィールド/秒,2:1 インタレースの RGB 信号(それぞれの周波数帯域:約 21 MHz)を,放送衛星 1 チャネル(占有帯域 27 MHz)で送信するため,上記のテレビジョン信号を 8.1 MHz に帯域圧縮した後,周波数変調する。

帯域圧縮の主な手順はつぎのとおりである。

4.3 アナログ信号形態によるカラーテレビジョン方式の展開

(1) SDTVと同様にRGB信号から輝度信号Y，色差信号$R-Y$，$B-Y$を構成し，色差信号は走査線ごとに交互に送る。なお，約8MHz帯域に帯域制限された色差信号は4倍の時間圧縮を受け，最終的には，1水平走査期間にY信号と時間圧縮した色差信号が時分割に多重（time compressed integration, **TCI**）される。

時分割多重する前のサンプリングレートは，Y信号：48.6Mサンプル/s（=16.2×3），C信号：64.8Mサンプル/s（=16.2×4）で，以下に述べる(2)，(3)の処理を行った後，時分割多重される。

(2) これらのサンプル信号は，映像に動きのある場合および静止している場合を想定して，それぞれの異なる処理（動画：16MHzローパスフィルタ処理，静止：フィールド間オフセットサンプリング）によって，サンプリングレートを下げて（32.4Mサンプル/s），その後，実際の映像の動きベクトルに応じて，それらの混合比を変える。混合した出力サンプリングデータは，フレーム間サブサンプル手法によってさらにサンプリングレートを1/2に下げ，16.2Mサンプル/sデータとする。

(3) 16.2Mサンプル/sのサンプリング信号は伝送路を介して受信側に送信される。ただし，伝送路は8.1MHzで-6dBとなる無ひずみ伝送特性（4.3節(3)参照）に等化される必要がある。

(4) 無ひずみ伝送を確保するための基準信号や，上記の動きベクトルなどの制御信号などがブランキング期間に送信される。

なお，上記のフレーム間のオフセットサンプリングとは，**図4.6**に示すよう

フレーム間オフセットサンプリング　●：偶数フレーム　○：奇数フレーム

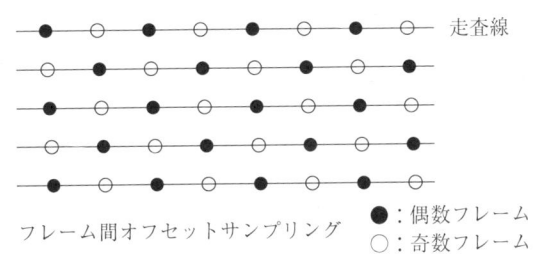

図4.6 MUSE方式におけるオフセットサンプリングの概念図

に，偶数フレームと奇数フレームでサンプリングする位置をずらし（オフセット），サンプリングレートを下げるものである。受信側において，2フレームのサンプリング値を合成することで，元の広帯域の映像を得る。

もちろん，このためには映像が静止していなければならない。合成による妨害が出ないためのプリフィルタを挿入することや，動画であることが判別されれば，フィールド内だけのライン間内挿（あるいは補間という）を適応的に用いるなどの工夫がなされている。

上記の(1)，(2)，(3)の処理で与えられるMUSE方式の伝送帯域は，静止領域，動き領域において図4.7(a)，(b)のように与えられる。図からわかるように，静止領域では2回のオフセットサンプリングがなされる。また，動き領域では，動きに対する視覚の空間解像度特性は低いとして，復元可能帯域および垂直方向の解像度が強く制限されている。

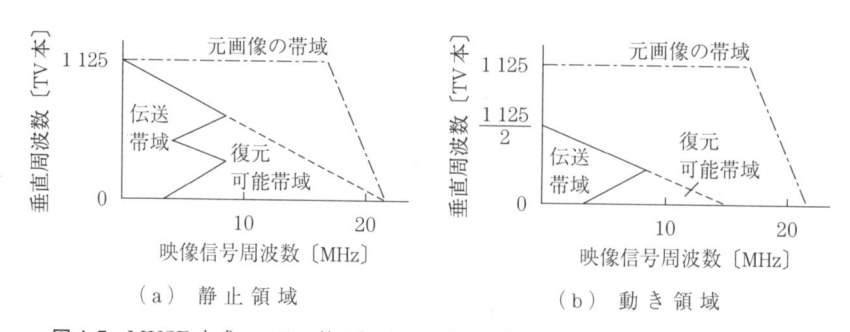

（a）静止領域

（b）動き領域

図4.7 MUSE方式における静止領域および動き領域に関するそれぞれの伝送帯域および復元可能帯域

4.4 信号伝送の基礎

アナログカラーテレビジョンの信号形態に関連して，アナログ信号あるいはディジタル信号の伝送に関連する基本的な事項[21]〜[23]をまとめて示す。

（1）**標本化定理** 周波数帯域が f_W である信号 $s(t)$ は，その信号波形全体を伝送する必要がなく，$1/(2f_W)$ 秒おきの標本値だけを送信すれば，そ

の標本値から元の信号 $s(t)$ が一義的に得られることを**標本化定理**（sampling theory）という。この標本点の間隔は**ナイキスト間隔**（Nyquist interval）と呼ばれ，また，その標本化周波数（$2f_W$）は**ナイキスト周波数**（Nyquist frequency）と呼ばれる。

この定理は連続した信号を離散的なデータとして送信する方式の根拠を与えるものである。

（2） サブナイキスト標本化　テレビジョン信号を標本化する際，テレビジョン信号は水平走査線ごとやフレームごとの相関が強いことを前提にして，標本化周波数をナイキスト周波数より低い値（サブナイキストという）に設定して，伝送帯域をより制限する方法を**サブナイキスト標本化**（sub-Nyquist sampling）という。

図4.8（b）に示すように，通常の標本化周波数の場合（図（a））と異なり，折返しの成分が現れる。

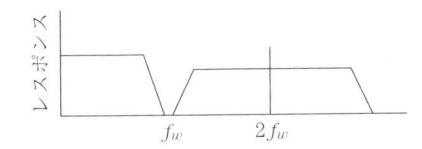

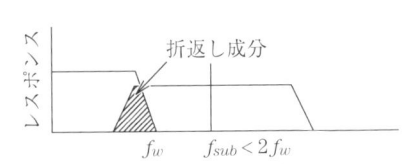

（a）ナイキスト周波数による標本化　　（b）サブナイキスト周波数による標本化

図4.8　ナイキスト周波数およびサブナイキスト周波数による標本化における折返し成分

しかし，水平走査周波数 f_H の 1/2 の整数倍にサブナイキストの標本化周波数 f_{sub} を設定すると，元の成分と折返し成分が周波数インタリーブの関係となり，受信後に分離，合成できる。

言い換えれば，走査線ごとに相関のある成分だけを送る前提であれば，サブナイキスト標本化が成り立つともいえる。図4.6の例は静止領域という前提のもとで，極端なサブナイキスト標本化を行っているものである。

（3） ナイキストの第1無ひずみ条件　上記の二つの標本化手法は，通常，その標本値をA-D変換器でディジタルデータに変換し，ディジタル情報

として伝送し，受信側で D-A 変換して元の標本値を復元できることを前提にしている．すなわち，標本値の伝送には劣化がない．

ところが，MUSE 方式では，図 4.9（a）のように標本値を $f_{sub}/2$ の帯域でアナログ伝送している．標本値をアナログ伝送し，隣接の標本値に影響しないよう伝送する条件は**ナイキストの第 1 無ひずみ条件**と呼ばれ，図（b）に示すように，$f_{sub}/2$ において 0.5 のレスポンスであり，その上下の周波数で対称なレスポンス関数をもっているものである．これは**ナイキストフィルタ特性**と呼ばれる．

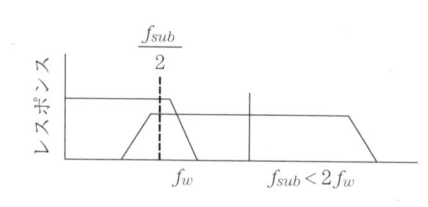

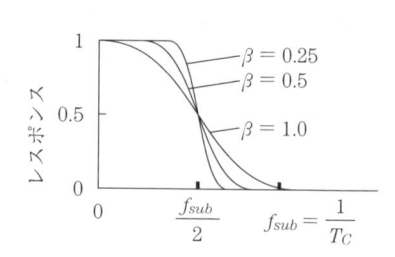

（a） MUSE におけるサブナイキスト標本値のアナログ伝送

（b） ナイキストフィルタ特性の確保

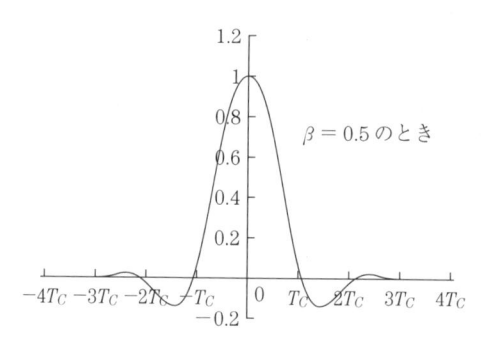

（c） ナイキストフィルタのインパルス応答

図 4.9　MUSE 方式における標本値の無ひずみ伝送ための伝送特性

ナイキストフィルタの代表的なものはコサインロールオフ特性であり，そのインパルス応答 $r(t)$ は式（4.9）のように与えられる．

4.4 信号伝送の基礎

$$r(t) = \frac{\sin \frac{\pi t}{T_c}}{\frac{\pi t}{T_c}} \frac{\cos \frac{\pi \beta t}{T_c}}{1 - \left(\frac{2 \beta t}{T_c}\right)^2} \tag{4.9}$$

ただし，$T_c = 1/f_{sub}$ であり，β は上記の対称特性を示す値でロールオフ係数と呼ばれる。すなわち，図（c）に示すように，隣接する標本点でのレスポンスがゼロであり，それぞれの標本値はその隣接標本値に影響を与えない。

当然のことながら，このような伝送特性が所定の特性から変動すれば，アナログの標本値は相互に干渉し合い，元の標本値を正しく復元できない。すなわち，MUSE方式は伝送条件の確保にきわめて注意を払わなければならない。

なお，通常，このナイキスト無ひずみ伝送条件は，1あるいは0の2値情報をディジタル記録，あるいはディジタル伝送するときの伝送特性として利用される。この場合は，伝送条件が変動してそれぞれの2値情報が干渉しても，2値に判別するときにその影響がかなり軽減される。

（4）伝送容量（ある帯域で伝送できるディジタル信号の理論限界速度）

ある伝送系のもつ帯域が B〔Hz〕で，支配的な雑音がガウス雑音電力 N_p〔W〕であり，送信電力 S〔W〕が適切に与えられ適切に受信されると，式(4.10)で与えられる信号伝送レート C〔ビット/秒〕が符号誤りなしで可能である。

$$C = B \log_2 \left(\frac{S}{N_p} + 1\right) \tag{4.10}$$

コーヒーブレイク

理論限界を知る

システムの制約を越えて，広く自由に発想することは重要である。しかし，技術者として，絶対に超えられない理論限界がどこにあるかを知っておくことはもっと重要である。例えば，4.4節（4）の伝送容量の限界を知らずに通信路の設計を行っても信頼性のある結果は得られない。むしろ，設計値が理論限界のどの辺りかを見て今後の目標を決めなければならない。

ある開発，研究などに関係する理論限界や基本法則はそれほど多くない。関連法則を自分なりにまとめておくことは仕事のスタートポイントである。

52   4. アナログカラーテレビジョンの信号形態

　これを**シャノン・ハートレー**（Shannon-Hartley）**の理論限界**という。ただし，この理論は送信電力が適切に与えられ，適切に受信されるための具体的な手法はなにも示していない。すなわち，この限界に近づくためには，7章で述べるディジタル信号を伝送系に適切な信号系列に変換し，送信電力を有効に利用するディジタル変調処理，さらには符号誤りに効率的に対処する誤り訂正符号化技術などが必要であることを示唆する。

5 ディジタルカラーテレビジョンの信号形態

ディジタル化の意義は,テレビジョン技術が単に放送分野にとどまらず,通信,情報処理の分野への展開が本格化することである.この章では,アナログカラーテレビジョン信号を A–D 変換してディジタル化する場合の課題,規定について述べる.

5.1 カラーテレビジョン信号のディジタル化

図 5.1 にカラーテレビジョン信号をディジタル化し,他の装置と接続する場合の基本的な流れを示す.

4.3 節(1)で述べたように,信号帯域が f〔Hz〕のアナログ信号は $2f$ 以上の標本化周波数 f_{AD} で標本化される.このとき,通常,A–D 変換の前には,標本化周波数からの折返し成分が信号帯域に入って来ないように,帯域制限フィルタが挿入される.フィルタ特性を急峻にすると帯域内の位相特性が良好に保てないので,現実的には,標本化周波数を設定する場合は,フィルタ特性も十分に注意しなければならない.

標本値は所定のビット数 m に量子化される.入力のテレビジョン信号の形態に応じてビットレート〔bps〕が定まる.

R, G, B の 3 原色信号や,輝度信号 Y,二つの色差信号 C_1, C_2 などは信号成分を表しているので,これらは**コンポーネント**(component)**信号**と呼ばれる.一方,NTSC 信号のように一つの信号に輝度信号と色差信号が多重化されているものは,**コンポジット**(composite)**信号**と呼ばれる.

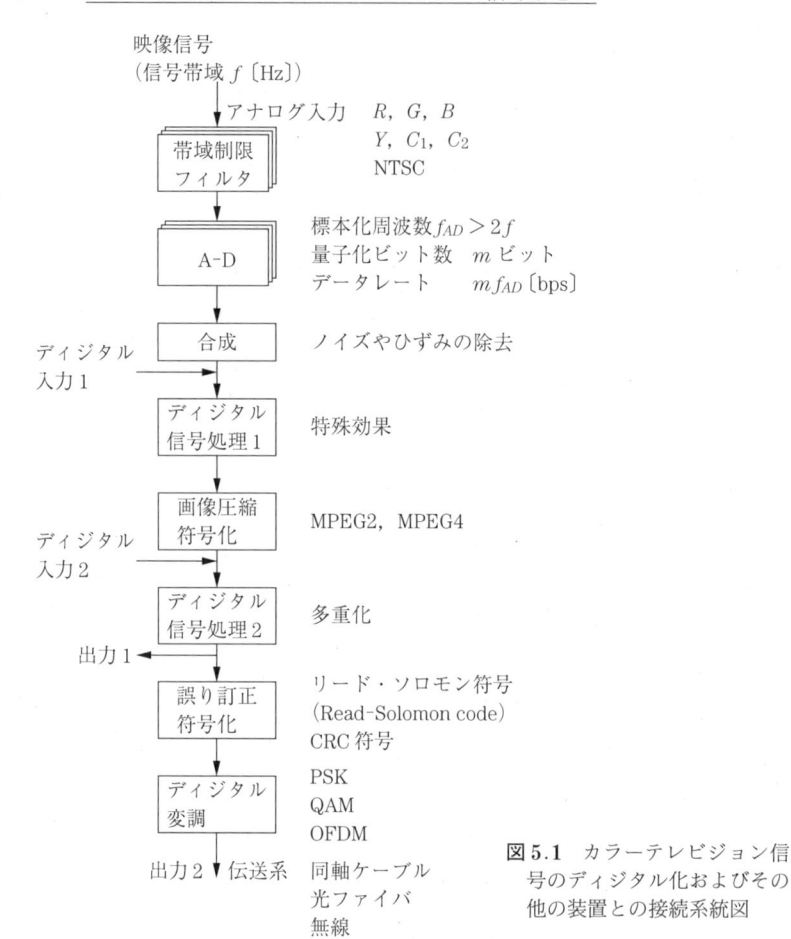

5. ディジタルカラーテレビジョンの信号形態

```
映像信号
(信号帯域 f [Hz])
    ↓
    アナログ入力    R, G, B
  ┌─────┐           Y, C_1, C_2
  │帯域制限│          NTSC
  │フィルタ│
  └─────┘
    ↓
    標本化周波数 $f_{AD} > 2f$
  ┌─────┐  量子化ビット数  $m$ ビット
  │ A-D │   データレート    $m f_{AD}$ [bps]
  └─────┘
    ↓
ディジタル  ┌─────┐
入力1 ──→│ 合成 │  ノイズやひずみの除去
          └─────┘
            ↓
          ┌─────┐
          │ディジタル│
          │信号処理1│  特殊効果
          └─────┘
            ↓
ディジタル  ┌─────┐
入力2 ──→│画像圧縮│  MPEG2,MPEG4
          │符号化 │
          └─────┘
            ↓
          ┌─────┐
          │ディジタル│
          │信号処理2│  多重化
          └─────┘
出力1 ←─   ↓
          ┌─────┐  リード・ソロモン符号
          │誤り訂正│  (Read-Solomon code)
          │符号化 │  CRC符号
          └─────┘
            ↓
          ┌─────┐  PSK
          │ディジタル│ QAM
          │変調   │  OFDM
          └─────┘
出力2↓伝送系  同軸ケーブル
              光ファイバ
              無線
```

図 5.1 カラーテレビジョン信号のディジタル化およびその他の装置との接続系統図

　スタジオ内や素材伝送のような場合は，映像圧縮する前の非圧縮のデータを取り扱う．すなわち，入力端1のように他装置からの非圧縮のディジタル信号を受ける．一方，接続ごとに映像圧縮と伸張を繰り返すと圧縮によるひずみが増えるので，入力端2のように，圧縮後の信号形態のままで接続してディジタル処理する方式も多く見られる．

　遠隔間の送受信では，伝送中のエラーの発生に対処するため，誤り訂正符号が挿入される．また，伝送路に適した信号となるようにディジタル変調処理が必要となる．

さて，A-D 変換器によってディジタル化する場合，図 5.2 に示すように，実の信号波形と量子化した波形では量子化ステップに対応する丸め誤差 x（**量子化雑音**（quantization noise））が必ず発生する。

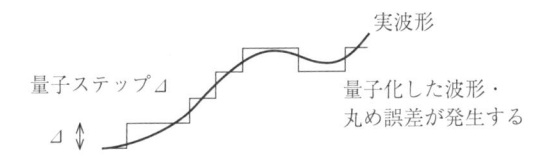

図 5.2　量子化による丸め誤差の発生

一般的には，量子化ステップ Δ の中には実信号レベルが一様に存在する可能性があるので，量子化による雑音 N_Q〔rms〕は，x を丸め誤差とすると

$$N_Q = \sqrt{\frac{1}{\Delta} \int_{-\Delta/2}^{\Delta/2} x^2 dx} = \frac{\Delta}{\sqrt{12}} \tag{5.1}$$

で与えられる。ただし，Δ は，信号の p-p 値を S，量子化ビット数を M として $\Delta = S/2^M$ で与えられる。これらから

$$S/N_Q = \sqrt{12} \times 2^M \tag{5.2}$$

である。これを dB 表示すると

$$S/N_Q = 20 \log_{10} \{(12)^{1/2} \times 2^M\} = 6M + 10.8 \ \text{〔dB〕} \tag{5.3}$$

である。

式 (5.2)，(5.3) は，量子化による非圧縮のディジタルテレビジョン信号における信号対雑音比〔p-p/rms〕の限界を示す。

5.2　各種ディジタル信号規格[24), 25)]

5.2.1　コンポジット信号のディジタル化

従来機器の利用はコストの点から有利であり，例えば，NTSC 方式カメラ出力信号をディジタル化することも多い。

NTSC のようなコンポジット信号のディジタルビデオ信号規格を表 5.1 に示す。標本化周波数は色副搬送波周波数 f_{sc} の 4 倍であり，その位相は，I 軸，Q 軸に一致させている。

5. ディジタルカラーテレビジョンの信号形態

表 5.1 NTSC 信号のディジタルビデオ信号規格の概要

標本化周波数	$4 f_{SC}$
標本化位相	IQ 軸（+123°，+33°）
サンプル数/ライン	910
有効サンプル数	768
量子化ビット数	8 ビットまたは 10 ビットの直線量子化
量子化レベルの割当て	図 5.3 参照

4.4.2 項で述べたように，$f_{SC} = (1/2) \times f_H \times 455$ で与えられているので，1 水平走査期間のサンプル数は 910 となる。そのうち，有効ビデオ部分（有効画素数）は 768 サンプルである。また，水平走査の標本化位置は走査線ごとに同一であり，正方格子のサンプリング構造である。

量子化ビット数は通常 8 ビットであるが，最近はディジタル化の後の映像処理が複雑な場合が想定され，10 ビットとすることも多い。映像信号に対する量子化ビットの割当てを**図 5.3** に示す。

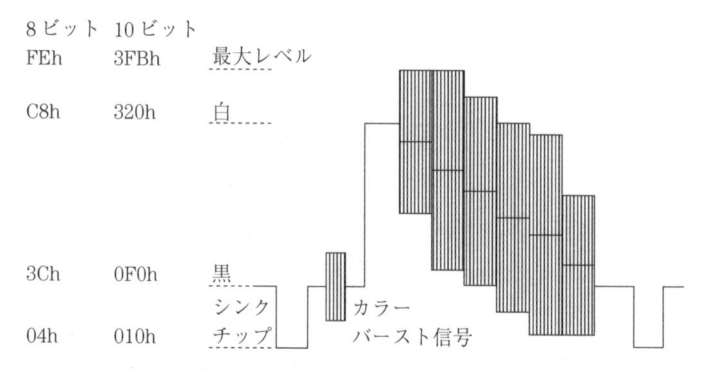

```
8 ビット  10 ビット
FEh      3FBh      最大レベル

C8h      320h      白



3Ch      0F0h      黒
                  シンク    カラー
04h      010h     チップ    バースト信号
```

図 5.3 NTSC 方式のテレビジョン信号に対する量子化ビットの割当て

Q 5.1 図 5.3 からもわかるように，量子化レベルの 0(00 h) と 255(FFh) は使用していない。その理由はなぜか。

ディジタル信号の他機器とのインタフェースとしては，平衡ペアライン（110 Ω）を想定したパラレル形式と，同軸ケーブル（75 Ω）を想定したシリアル形式が規定されている。

パラレル形式では DATA 0〜9 とクロックに分かれ，ECL レベルで

14.318 18 Mワード/秒で伝送する。シリアル形式では，ビデオデータとオーディオ信号を含むアンシラリ（ancillary）データを 143 Mbps，または 157 Mbps で伝送する。

5.2.2 コンポーネント信号のディジタル化

（1） **SDTV**　　NTSC，PAL などと規格の異なる国際間の番組交換をできるだけスムーズにするために，コンポジット化する前の輝度信号 Y と色差信号 C_R, C_B において，ディジタル信号化を行う規格が検討された。**表 5.2** にそのディジタルコンポーネント信号規格の概要を示す。

表 5.2　ディジタルコンポーネント信号規格の概要

方　式	525/59.94 方式	625/50 方式
信号形態	Y, C_R, C_B コンポーネント	
標本化周波数	Y 信号：13.5 MHz　　C_R, C_B 信号：6.75 MHz	
サンプル数/ライン	Y 信号：858 C_R, C_B 信号：429	Y 信号：864 C_R, C_B 信号：432
有効サンプル数	Y 信号：720　　C_R, C_B 信号：360	
量子化ビット数	8 ビット（オプションとして 10 ビット）直線量子化	
量子化レベルの割当て	輝度信号：黒レベル　　10h 　　　　　白ピーク　　EBh 色差信号：無信号時の基準レベル　　80h	

標本化周波数はいずれの方式においても水平走査周波数の整数倍で標本化される。具体的には，NTSC においては 525×30/1.001 の整数倍であり，PAL, SECAM においては 625×25 の整数倍であるので，これらの最小公倍数を求めて映像信号帯域の 2 倍以上の値を選ぶと，13.5 MHz が得られる。このように，標本化周波数を共通化している場合は **CDR**（common data rate）**方式**と呼ばれる。

1 水平走査期間の標本化数は両方式において異なるが，有効画素数は輝度信号 720 サンプル，色差信号 360 サンプルと同一にしている。

なお，このコンポーネント標本化方式は 4：2：2 方式とも呼ばれるが，これは NTSC 側で，コンポーネント符号化の候補として色副搬送波の 4 倍の周波

数で輝度信号を，2倍の周波数で二つの色差信号をそれぞれ標本化する方式に由来する．しかし，現在は，輝度信号と色差信号の標本化周波数の比を表しているという意味合いが強い．例えば，3原色信号を同一の標本化周波数で直接ディジタル化する方式は4：4：4と呼ばれる．

伝送フォーマットはパラレル形式においては，C_B, Y, C_R, Y の順序で送られ，その速度は27 M ワード/秒である．

また，シリアルインタフェースは **SDI**（serial digital interface）**フォーマット**と呼ばれ，その伝送速度は270 Mbps（量子化ビット数10ビットのとき）となる．

（2）HDTV を含むデジタル放送系の信号形式[26]　今後はデジタル放送が主流であり，衛星ディジタル，地上波ディジタルにおいても多種類のフォーマットが混在し，番組に応じて，あるいは受信機性能に応じてフォーマットが選択されることになる．特に，受信機の性能に応じて再生画質，フォーマットを変えて受信できる階層的な（scalable）放送はディジタル化の特徴の一つである．

表5.3にHDTVを含むテレビジョン信号のディジタル化のフォーマットを

表5.3 HDTVを含むテレビジョン信号のディジタル化のフォーマット

方式名		480I	480P	720P	1080I
走査線数		525本	525本	750本	1 125本
標本化周波数	輝度信号	13.5 MHz	27 MHz	74.25 MHz	74.25 MHz
	色差信号	6.75 MHz	13.5 MHz	37.125 MHz	37.125 MHz
1走査線当りの有効サンプル数	輝度信号	720, 544, 480	720	1 280	1 920, 1 440
	色差信号	360, 272, 240	360	640	960, 720
符号化ライン数		480	480	720	1 080
アスペクト比		4：3, 16：9	4：3, 16：9	16：9	16：9
フレーム周波数*		30 Hz	60 Hz	60 Hz	30 Hz
水平走査周波数*		15 750 Hz	31 500 Hz	45 000 Hz	33 750 Hz
走査方式		飛越し	順次	順次	飛越し

* 各数値と各数値/1.001の値が規格化されている．運用されているフォーマットについては11.1.2項を参照．

5.2 各種ディジタル信号規格

示す。これらのフォーマットは SDTV と HDTV の相互変換や国際間の番組交換を考慮している。

まず，SDTV におけるコンポーネント符号化において，表 5.2 に示したように，1 走査線に割り当てられるサンプル数は 720 と，525 本系と 625 本系が共通化されているので，HDTV では，これを基にそのアスペクト比，走査線数の倍率を考慮して 1 走査線当りのサンプル数が決められた。すなわち

$$720 \times 2 \times \frac{\frac{16}{9}}{\frac{4}{3}} = 1\,920$$

このサンプル数を実現する標本化周波数は，SDTV における 525 本系と 625 本系の共通標本化周波数 13.5 MHz の簡単な比（5.5 倍）である 74.25 MHz とされた。

なお，国際間の番組交換では，できるだけフォーマットの共通化が望まれる。現在，HDTV では 1 走査線当りの有効サンプル数，および符号化ライン数が共通化されている。すなわち，走査線数やフレーム周波数の違いがあっても共通な画面構成ができるとして，CIF の考え方が導入されている。

映像信号レベルと量子化レベルの割当てについては，8 ビット量子化において，表 5.2 で示した SDTV のディジタルコンポーネントの規格と同じである。

伝送フォーマットはパラレル形式において，C_B，Y，あるいは C_R，Y を一つのワード（それぞれが 10 ビット量子化のときには 1 ワードが 20 ビット）として，時分割多重して送られる。よって，伝送レートは 74.25 M ワード/秒である。ツイストペア線を用い，20～30 m の距離を想定している。

また，シリアルインタフェースは HD-SDI フォーマットと呼ばれ，10 ビット量子化では $74.25 \times 2 \times 10 = 1.485$ Gbps である。同軸ケーブル（距離 100 m 程度）あるいは光ファイバ（距離 2 km 程度）を用いる。

（3） 480P フォーマットあるいは 720P フォーマット 表 5.3 に示すように，ディジタル放送のフォーマットとして順次走査が規定されている。これは高画質化を狙ったこととコンピュータ用ディスプレイが順次走査であることを

考慮したものである。

480Pは480Iのちょうど2倍のサンプリング周波数で処理するので，記録や伝送などに関しては従来から使用されている480I用の機器を2台同期運転して対応できる。

しかし，2台を同時に使用することは，運用上難点である。そこで，既存の機器1台で運用するため，色差信号だけは走査線ごとにどちらか一方を送信する線順次方式を採用し，さらに水平ブランキング部のデータビットを削減して360 Mbpsとする場合もある。

720Pは3原色の xy 色度，基準の白色などは1080Iと同じ規定値を採用している。また，その標本化周波数を1080Iの値と合わせて，部品の共通化を図っている。

5.3 その他の映像信号フォーマット：テレビ電話，パソコン系[24), 27), 28)]

コンピュータ網のLAN系だけでなく，インターネットや携帯電話の高速化とともに，テレビジョンと通信，コンピュータの融合は必然となり，テレビ電話，携帯電話でのテレビ受信，パソコンでのテレビ受信が普及しつつある。

パソコン（パーソナルコンピュータ）系は表示画素数によって映像フォーマットを表現しており，現在1 024×768（XGA）が標準的である。表5.4にそ

表5.4 パソコン系の走査仕様例

表示画素数	アスペクト比	f_F〔Hz〕	f_H〔kHz〕	形式名
640×480	4：3	60	31.5	VGA
1 024×768	4：3	60	48.4	XGA
1 280×960	4：3	60	60.0	quad VGA
1 280×1 024	5：4	60	64.0	SXGA
1 600×1 200	4：3	60	75.0	UXGA

〔注〕 さらに，SXGA+（1 400×1 050），WUXGA（1 920×1 200），quad XGA（2 048×1 536）などの高解像度形式も開発されている。

5.3 その他の映像信号フォーマット：テレビ電話，パソコン系

の他の走査仕様例を示す。なお，f_F はフレーム周波数であり，パソコンではリフレッシュ周波数ともいわれる。表の値以外に，例えば 65 Hz，70 Hz，75 Hz などが規格化されている。f_H は水平走査周波数である。

なお，表示画面の形式は強い規制の対象ではないので，アスペクト比は 4：3 だけでなく，5：4 のものがある。

表示画面の大きさは，通常その対角線の長さで表現される。普及機種では 36 cm（15 インチ）から 41 cm（17 インチ）である。ハイエンドの業務用のディスプレイでは表示画面の大型化とともに，より高解像度に対応しようとしている。このため，表 5.4 の欄外に示したように，より高解像度の映像フォーマットがつぎつぎと規格化される。

これらの技術の流れを画面の大きさと水平ピクセル数の関係から発展方向として示したものが図 5.4 である。ただし，画面のアスペクト比は代表的な 4：3 を採用した。なお，表示密度の実用領域は 3 から 4.5 pixel/mm 程度といわれている[29]。

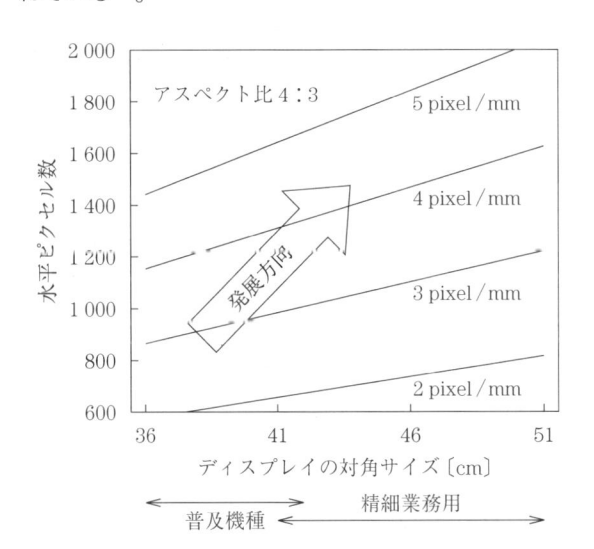

図 5.4 画面の大きさと水平ピクセル数の関係

Q 5.2 ノートパソコンや小型ディスプレイ（例えば車両用）における映像フォーマットの技術発展の流れを調査しよう。

一方，テレビ電話あるいはテレビ会議システムの映像フォーマットは通信回線の伝送速度（$p \times 64$ kbps（$p=1\sim30$））に基本的に依存している。

国際間のテレビ電話においては，撮像カメラは NTSC 方式や PAL 方式のものが用いられることが想定される。ただし，通信回線に送信する符号化データのための画面構成は二つのテレビジョン方式で共通にすることが望まれるので，図 5.5 に示す共通中間形式 **CIF**（common intermediate format）が規格化された。

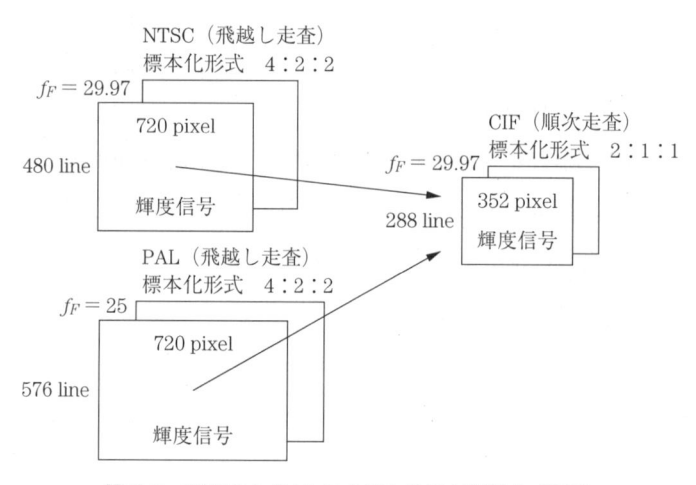

```
      NTSC（飛越し走査）
      標本化形式　4:2:2
f_F = 29.97
      720 pixel
480 line                              CIF（順次走査）
      輝度信号                       標本化形式　2:1:1
                       f_F = 29.97
                                     352 pixel
                       288 line      輝度信号
      PAL（飛越し走査）
      標本化形式　4:2:2
f_F = 25
      720 pixel
576 line
      輝度信号
```

図 5.5　NTSC と PAL に共通な共通中間形式（CIF）

CIF フォーマットでは f_F はフレーム周波数で NTSC の値を採用し，走査線数は輝度信号において 288 ラインで，PAL との親和性が強い。色差信号はライン数，画素数ともに輝度信号の半分である。標本化形式はいわゆる 2:1:0 である。順次走査が使用され，基本的な伝送速度は 384 kbps である。

携帯電話を利用したテレビ電話では表示画面が小さいので，CIF の 1/4 の画面サイズに相当する **QCIF**（輝度信号において 176 pixel，144 line），sub-QCIF（128 pixel，96 line）などが利用される。

一方，テレビ会議は大きな画面のモニタが使用できる。CIF の 4 倍，16 倍などのフォーマットが利用可能である。当然のことながら，その映像フォーマ

ットは使用する通信回線を適切に選び，ビジネス用途としてコストパフォーマンスのよいもの選択しなければならない。

図5.6は，テレビ電話，テレビ会議の技術動向を見るために，関連する公開特許公報[15]の件数を年ごとに示したものである。

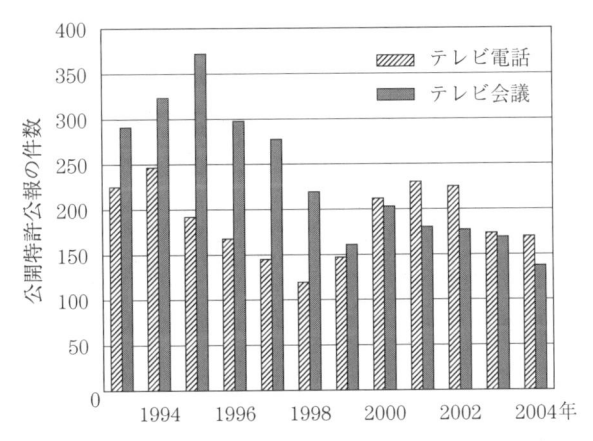

図5.6 テレビ電話およびテレビ会議に関する公開特許公報の件数

90年代は業務用のテレビ会議の出願が多く，その後，テレビ会議システムが企業に導入されたことが伺える。一方，2000年からは，映像圧縮技術が進展し，携帯電話を使ったテレビ電話関係の出願が多くなり，パーソナルユース向けの開発が多くなってきている。

このように技術開発には波があり，つぎの波の起爆剤となる技術がなにかを見つけること，あるいはその波に乗ったニーズ（社会の要求，需要）はなにかを見つけることも技術者の大きな役目である。

5.4 関 連 用 語

（1）D 端 子　デジタル放送では，表5.3に示したような各種の映像フォーマットが放送される。受信側のセットトップボックス（STB）と表示

装置のインタフェース（Y, C_R, C_B のコンポーネント信号形式）もそれらのフォーマットに対応して，**表5.5**に示すD端子の呼び名で規格化されている。

表5.5　D端子の種類とその対応フォーマット

端子名	対応する映像フォーマット
D1	480I
D2	480I, 480P
D3	480I, 480P, 1080I
D4	480I, 480P, 1080I, 720P
D5	480I, 480P, 1080I, 720P, 1080P

なお，1080Pは主に業務用などで使用されるもので，一般にはD1端子からD4端子までが使用される。

（2）**OSI参照モデル**　コンピュータによる情報処理用ネットワークにおいては，通常，**OSI**（open system interconnection）**参照モデル**[30]で構成された装置間で情報がやり取りされる。**図5.7**に七つの階層（layer）のOSI

コーヒーブレイク

発想の仕方：なにかを無視する

仕事の中でいままでにない新しいことを発想し，提案し，実現させていくことは，仕事を楽しく進めるうえで不可欠のはずである。しかし，開発といいながらも，他人の先行技術をよく吟味もせず追いかけるだけに終わっている場合も少なくない。

多くの技術の組合せから，新たな課題に対する新しいシステムが開発されることが多い昨今では，新しい課題，新しい技術，新しいシステムなどを発想する努力が重要である。

発想する突破口を見つける手段の一つは，開発に必要な種々の条件のうち，とりあえずなにかを無視することである。例えば，製造コスト，回路規模，演算速度などを無視して，新たな目標を見つけ，その実現手段を考える。あるいは，現在使用している技術，製品における欠点を逆に利用した方式を考案するなどである。

発想に関する本は多く出版されているので，どれか1冊ぐらいざっと見ておくことは参考になるかもしれない。まずは，発想するということが重要である。

```
                        〈映像システム系の
       送信側の処理装置     代表的な処理〉      受信側の処理装置
    ┌──────────────┐   映像フォーマット    ┌──────────────┐
    │ アプリケーション層 │   インタラクティブ動作 │ アプリケーション層 │ 表示制御
    ├──────────────┤   マルチメディア応用   ├──────────────┤
    │ プレゼンテーション層│   映像圧縮        │ プレゼンテーション層│ 映像伸張
    ├──────────────┤                 ├──────────────┤
    │ セッション層     │                 │ セッション層     │
    ├──────────────┤   トランスポート     ├──────────────┤
    │ トランスポート層  │   ストリームの構成   │ トランスポート層  │
    ├──────────────┤                 ├──────────────┤
    │ ネットワーク層   │                 │ ネットワーク層   │
    ├──────────────┤                 ├──────────────┤
    │ データリンク層   │                 │ データリンク層   │ 誤り訂正
    ├──────────────┤  変調 ┌─────┐      ├──────────────┤
    │ 物 理 層       │ ────→│伝送路│────→ │ 物 理 層       │ 復調
    └──────────────┘      └─────┘      └──────────────┘
                        地上波, 衛星, 光ファイバ
```

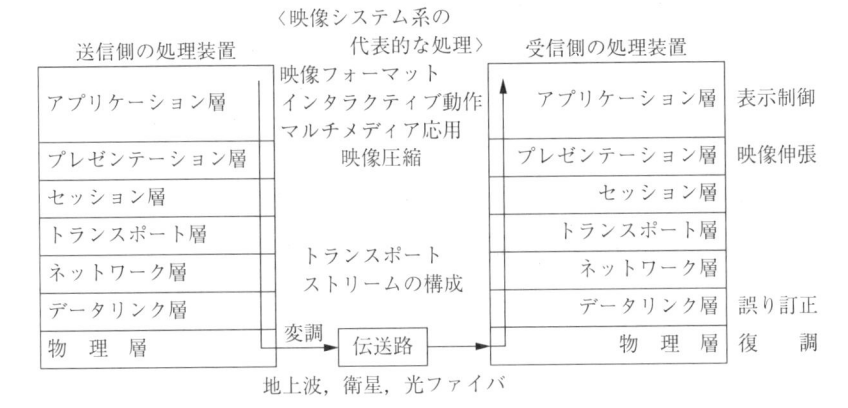

図 5.7 OSI 参照モデルと七つの階層における代表的な処理

参照モデルを示す。

　ディジタル映像システムを構成する場合も，同様の参照モデルが使用されることが多い。各レイヤにおける映像システムの対応技術を以後の章で述べるものも含めて示した。

　アプリケーション層はユーザの操作などに対するサービスを提供するものが該当する。

（3）**トランスポートストリーム**　　図 5.7 のネットワーク層では，符号化された映像信号，音声信号，さらに各種データ信号は分割され，固定長の **TS**（transport stream）**パケット**によって，下位の層に送られる。この TS パケットを複数集めたものを**トランスポートストリーム**[27),30)]（transport stream, **TS**）と呼ぶ。

　TS パケットのヘッダにはパケット識別子（PID）などが挿入され，TS によって複数のプログラム（番組）が伝送でき，また受信側でプログラムを構成する映像，音声，関連データなどを区別して取り出せる。

6 ディジタル映像における情報圧縮

映像信号は音声信号より3けた近く大きい情報量を有しているために，映像信号のディジタル伝送やディジタル記録は，映像の情報量圧縮により初めて可能になった，といっても過言ではない。圧縮技術の進展に伴い，各種映像システムの中で最も画質を優先する放送システムにおいても，圧縮技術の採用が当然のことと見なされるようになっている。

6.1 映像圧縮の実用化状況

図6.1に，実用に供されている代表的な映像圧縮方式の位置づけを示す。

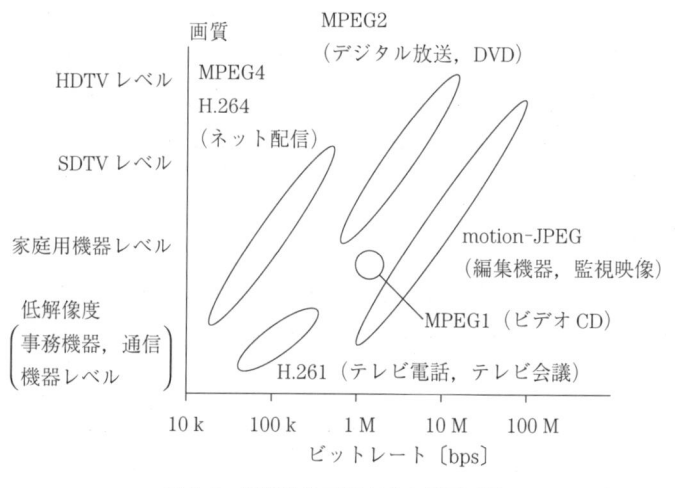

図6.1 各種映像圧縮方式の位置づけ

JPEGは静止画像を対象にして開発されたが，これを動画像に適用し，動画像の各フレームを独立の静止画像と見なして圧縮する**motion-JPEG**がある。motion-JPEGは，編集などフレーム単位での処理が必要な場合，あるいは映像監視など動解像度よりは高い空間解像度を必要とするような場合に多用されている。

MPEG2は，圧縮効率の高さからBSデジタル放送，CSデジタル放送，地上デジタル放送，DVD録画など，動画像を対象に最も広く実用に供せられている方式である。一方，MPEG2よりさらに圧縮効率の高い**MPEG4，H.264/AVC**は，LANなどのネットワークによる映像監視，移動体向けのモバイル衛星放送，地上ディジタルの1セグメント放送などに用いられ始めている。

ここで，圧縮率（原画像と圧縮画像の情報量の比）の実例を示そう。例えばDVDの例では，原画像は表5.3に480I方式として示した周波数で標本化され，8ビットで量子化されるとすると，合計216 Mbps（＝(13.5+2×6.75)×8）の情報となる。一方，圧縮画像は，DVDに約135分の映像を記録することから平均した情報は約3.5 Mbpsであり，圧縮率としては3.5/216で約1/60となる。

6.2　映像圧縮の一般的手法

ディジタル映像信号の単位時間当りの情報量であるビットレートは次式で表される。

$$\text{ビットレート}〔\text{ビット/秒}〕=\text{標本化周波数}〔\text{サンプル/秒}〕 \\ \times \text{量子化ビット数}〔\text{ビット/サンプル}〕$$

(6.1)

したがって，ビットレートを低減するには

① 標本化周波数を低減する

② 量子化ビット数を低減する

手法がある。

ここで，標本化周波数低減には，サブナイキスト標本化と呼ばれる手法がある。4.3.2 項に示している HDTV のアナログ放送に採用された MUSE 方式はこれに該当し，4 画素ごとに 1 画素を抽出し残りの 3 画素を廃棄することで 1/4 の圧縮率を達成している。当然のことながら，廃棄した 3 画素による画質劣化が最小になるような工夫が多くなされている。

なお，原画像のフレームを間引いて毎秒フレーム数を下げる手法が，特に低ビットレートへの圧縮手法としてよく用いられるが，これも広義には標本化周波数の低減である。

しかし，多くの実用例では，量子化ビット数を低減する手法が主流となっている。これには

① 画素ごとの量子化ビット数を一様に少なくする

② 複数画素をグループとして，その平均量子化ビット数を少なくする

手法がある。

一方，圧縮により

① 画質劣化が目立たないような画像の冗長度成分を除去する

② 映像情報の統計的偏りを利用し，画質劣化がない（lossless）符号割当てをする

手法がある。

ここで，除去可能な画像の冗長度としては

① 空間的冗長度（フレームあるいはフィールド内の冗長度）

② 時間的冗長度（フレームあるいはフィールド間の冗長度）

がある。時間的冗長度は動画のみに適用できるが，空間的冗長度は静止画，動画ともに適用できる。

これらの手法を組み合わせた映像圧縮における符号化の処理の流れを図 6.2 に示す。静止画像に対しては，空間的冗長度を除去し，この結果に生じる符号の統計的偏りを利用してさらに効率的な符号に変換する。動画像に対しては，これに時間的冗長度除去が加わる。復号化は，これらと逆の処理となる。

6.3 空間的冗長度の除去—離散コサイン変換（DCT）と量子化　　　69

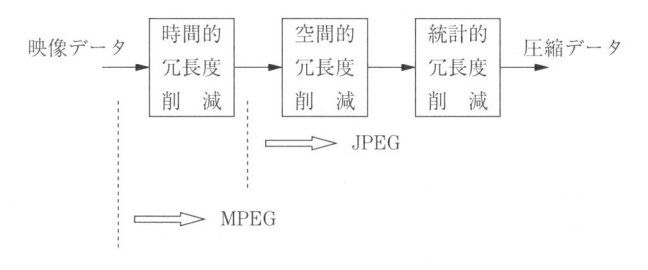

```
映像データ → [時間的冗長度削減] → [空間的冗長度削減] → [統計的冗長度削減] → 圧縮データ
                                    ⟹ JPEG
              ⟹ MPEG
```

図 6.2　映像圧縮における符号化の処理の流れ

6.3　空間的冗長度の除去—離散コサイン変換（DCT）と量子化

　空間的冗長度の典型例は，隣接する画素間では値が近似していることである。極端な例として，完全に平たんな画像であれば，全画素で値が一致する。空間的冗長度の存在は，画像が有する空間周波数成分において，低周波成分のエネルギーが大きく，高周波成分のエネルギーが小さいことを意味する。さらに，視覚の特性として，低周波成分における誤差には敏感であるが，高周波成分における誤差には鈍感な性質がある。つまり，高周波数成分に誤差を大きく割り当てることにより，画質劣化が目立たないように画像の冗長度が除去される。これらを活用した技術が**離散コサイン変換**（discrete cosine trasform, **DCT**）とその量子化にある。

　離散コサイン変換は，空間的な配列の画素値を空間周波数成分値に変換する手法の一つである。JPEG や MPEG においては，8 画素（水平）×8 画素（垂直）よりなる 64 画素が一つの処理ブロックとして考えられている。圧縮時には，この 64 画素を 8 空間周波数（水平）×8 空間周波数（垂直）の 64 空間周波数成分に変換する。変換の結果，低周波成分に多くのエネルギーが集中し，高周波成分のエネルギーは小さくなる。これを低周波成分は高精度に量子化し，高周波成分は粗く量子化する。復元時には逆量子化した 64 空間周波数成分を 64 画素に逆変換する。これらの処理過程を**図 6.3** に示す。

　一般に，画素値が $f(x, y)$ である $N \times N$ 画素を離散コサイン変換して得ら

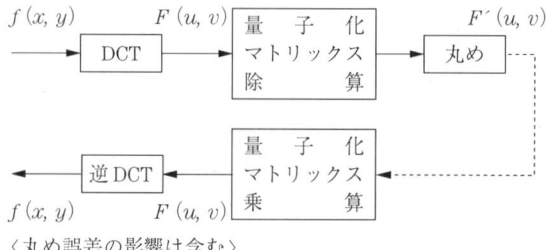

6. ディジタル映像における情報圧縮

```
f(x,y)     F(u,v)   量子化         F'(u,v)
  ──→ DCT ──→ マトリックス ──→ 丸め ──┐
                除  算                  │
                                        │
  ←── 逆DCT ←── 量子化        ←────────┘
f(x,y)   F(u,v)  マトリックス
                 乗  算
```
〈丸め誤差の影響は含む〉

図 6.3 DCT と量子化による空間的冗長度除去の処理過程

れる2次元周波数成分 $F(u,v)$, および $F(u,v)$ を逆変換して得られる $f(x,y)$ の演算は次式による.

$$F(u,v) = \frac{2}{N} C(u) C(v) \sum_{x=0}^{N-1} \sum_{y=0}^{N-1} f(x,y) \cos\left[\frac{\pi u (2x+1)}{2N}\right]$$
$$\times \cos\left[\frac{\pi v (2y+1)}{2N}\right] \tag{6.2}$$

$$f(x,y) = \frac{2}{N} \sum_{u=0}^{N-1} \sum_{v=0}^{N-1} C(u) C(v) F(u,v) \cos\left[\frac{\pi u (2x+1)}{2N}\right]$$
$$\times \cos\left[\frac{\pi v (2y+1)}{2N}\right] \tag{6.3}$$

ここで, $C(n)$ は以下の値である.

$$C(n) = \begin{cases} 1/\sqrt{2} & (n=0) \tag{6.4} \\ 1 & (n \neq 0) \tag{6.5} \end{cases}$$

これらは可逆的な変換であり, この変換による情報量の低減はない.

簡単のために, 4画素×4画素についての数値例を**図6.4**に示す. 式(6.2)および式(6.3)において $N=4$ と置き

$$F(u,v) = \sum_{x=0}^{3} \sum_{y=0}^{3} A(u,v,x,y) f(x,y) \tag{6.6}$$

$$f(x,y) = \sum_{u=0}^{3} \sum_{v=0}^{3} B(x,y,u,v) F(u,v) \tag{6.7}$$

とすると, A, B はおのおの16種類ずつ求まる. 一例として, 図6.4では $A(1,0,x,y)$, $B(2,3,u,v)$ のみを示した. $f(x,y)$ に数値を与え $A(u,v,$

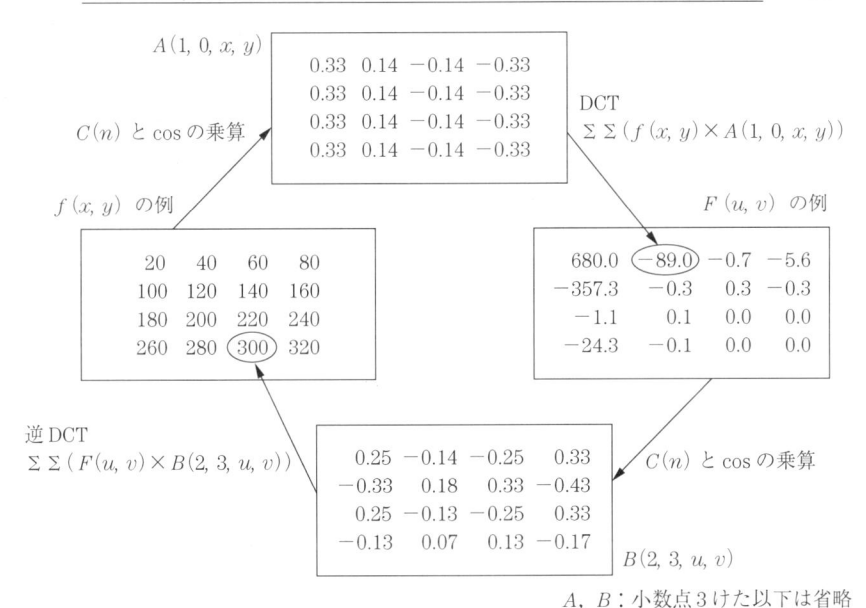

6.3 空間的冗長度の除去—離散コサイン変換（DCT）と量子化

$A(1, 0, x, y)$

$C(n)$ と cos の乗算

```
0.33  0.14  −0.14  −0.33
0.33  0.14  −0.14  −0.33
0.33  0.14  −0.14  −0.33
0.33  0.14  −0.14  −0.33
```

DCT
$\Sigma \Sigma (f(x, y) \times A(1, 0, x, y))$

$f(x, y)$ の例

```
 20   40   60   80
100  120  140  160
180  200  220  240
260  280 (300) 320
```

$F(u, v)$ の例

```
 680.0  −89.0  −0.7  −5.6
−357.3   −0.3   0.3  −0.3
  −1.1    0.1   0.0   0.0
 −24.3   −0.1   0.0   0.0
```

逆 DCT
$\Sigma \Sigma (F(u, v) \times B(x, y, u, v))$

```
 0.25  −0.14  −0.25   0.33
−0.33   0.18   0.33  −0.43
 0.25  −0.13  −0.25   0.33
−0.13   0.07   0.13  −0.17
```

$C(n)$ と cos の乗算

$B(2, 3, u, v)$

A, B：小数点3けた以下は省略
F：小数点2けた以下は省略

図 6.4　4画素×4画素における DCT とその逆変換の数値例

$x, y)$ を用いて $F(u, v)$ を求め，さらにこの $F(u, v)$ を $B(x, y, u, v)$ を用いて $f(x, y)$ に戻している．$F(u, v)$ において，低周波成分にエネルギーが集中し，高周波成分のエネルギーが少ないことがわかる．

つぎの処理として，DCT で得られる周波数成分に対して，量子化が施される．ここにおける量子化精度の制御は以下のようにして実行される．

圧縮時には，64個の空間周波数成分は，64個の量子化マトリックス値で除されてその余りは切り捨てられ $F'(u, v)$ となる．ここで，高周波数成分の量子化マトリックス値は低周波成分より大きく設定されている．例えば，直流成分である $F(0, 0)$ に比べて，最も高い周波数成分である $F(7, 7)$ に対しては10倍程度の大きな量子化マトリックス値となっている．この結果，高周波成分は低周波成分より粗く量子化されたことになる．復元時には，$F'(u, v)$ に量子化マトリックス値を乗じれば，量子化誤差分は伴うが元の空間周波数成分 $F(u, v)$ が得られる．

Q 6.1 図 6.4 にならい，2 画素×2 画素のブロックについて，DCT の四つの周波数成分 $F(u, v)$ を求めてみよう．

6.4 時間的冗長度の除去—動き補償予測

時間的冗長度の典型例は，隣接するフレーム間では画面内の同一位置の画素値が近似していることである．極端な例として，完全に静止した画像であれば，フレーム内の全画素においてフレーム間の値は一致する．もし隣接するフレーム間で値が変化した画素のみを伝送すれば，フレーム内で動領域が占める割合に比例して情報を圧縮することが可能である．例えば，テレビ電話や監視用映像のように，固定した背景の中に，わずかに動く領域があるような場合には，動領域符号化は有効な手法になろう．しかし，一般の画像では，カメラの移動（パン，チルト）があると，実質的な画像の内容変化は少なくても，フレーム内の全画素値が変化して圧縮効果を失わせる．

これに対処する手法が

① **動き補償**（motion compensation）

であり，これは

② **フレーム間予測符号化**（interframe predictive coding）

と併用して用いられる．

現フレーム内にある画素の値を符号化する際に，隣接するフレームにある対応画素の値を予測値として用いる手法をフレーム間予測と称するが，現フレーム画素とこの予測値との差分を符号化する．もし，現画素が静止領域にあれば，予測値との差分はゼロである．しかし，実際には動画であることを考慮して，図 6.5 に示すように，参照フレームと呼ばれる隣接フレーム内の対応画素近傍の中から，最も差分がゼロに近い画素を予測値として選択するのが動き補償である．これは，動領域が参照フレームのどの領域から移動してきたのかを検出し，その移動量だけずらした画素との差分をとることと等価である．

ここでは，移動量（方向および距離情報を有する動きベクトル）を正確に検

図 6.5 動き補償フレーム間予測

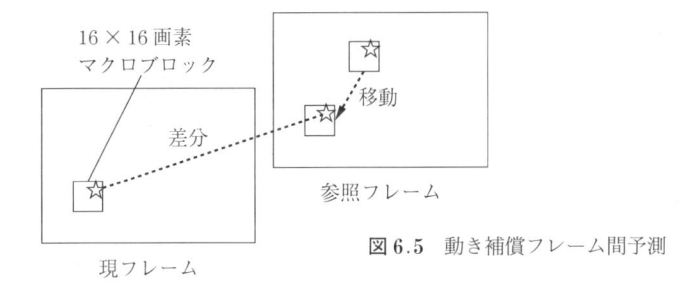

出することが重要である．MPEG においては，8 画素×8 画素のブロックを 4 個合わせたマクロブロックと呼ぶ 16×16 画素を単位として，現フレームのマクロブロックと最も近似している参照フレーム内のマクロブロックサイズの領域を探す．これをどの程度の精度（例えば 1 画素や 1/2 画素精度）で探すかが動き補償の性能を決める．

この際に，過去のフレームを参照フレームとして使用しフレーム間予測符号化される現フレームを P フレームと称する．また，未来あるいは過去のフレームのうちで予測誤差の少ないほうのフレームを参照フレームとして使用し，フレーム間予測符号化される現フレームを B フレームと称する．

予測値との差分は，画素値そのものよりは小さい値になる確率が高く，効率的な符号化に有利ではあるが，一方，なんらかの原因で差分値に誤差が生じると，復元される画素値に誤差が継続する問題がある．そのために，フレーム間で予測値との差分を符号化する代わりに，フレーム内のみの情報で符号化する I フレームと称するフレームを一定周期で挿入する．I フレームでは，6.3 節で述べた DCT と量子化による処理のみを行う．

これら，I，P，B フレームの順序を図 **6.6** に示す．まず，I フレームを基準にして P フレームが符号化され，その P フレームを基準にしてつぎの P フレームが符号化される．一方，I もしくは P のいずれかを用いて，その間にある B フレームが符号化される．I フレームの挿入周期を **GOP**（group of picture）と称する．

P と B では予測値を過去と未来のどちらのフレームからもって来るかの違

74　6. ディジタル映像における情報圧縮

図 6.6　予測のフレーム構造

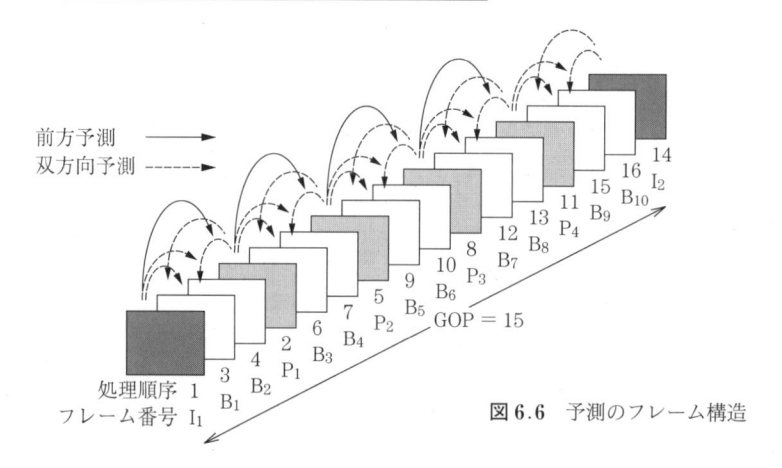

いがあり，IとP，Bでは動き補償フレーム間予測を用いるかどうかの違いがある。しかし，MPEGにおいては，これらの3種のフレームを連続的に符号化するために，P，BにおいてもIと共通にDCTと量子化処理は行う。しかし，P，BにおいてはDCT後の周波数分布がIとは異なるために，6.3節で述べた量子化マトリックスに対応する値としては，例えば全周波数成分において一律の値とするなど，IにおけるようなDCTと量子化の組合せによる大幅なビット数低減は期待していない。むしろ，DCT以前で実効的な情報量（ビット数）が低減されている。

6.5　統計的偏りの利用

符号には一般的に

① 長さが一定の**固定長符号**（fixed length code）
② 長さが可変の**可変長符号**（variable length code）

の2種類がある。符号化する前の情報の発生確率に偏りがある場合には，可変長符号により効率的な符号化が実現できる。すなわち，発生確率の高い情報は短い符号で表現し，発生確率が低い情報は長い符号で表現する。これにより，全体では少ない符号量で情報を表現できる。DCT，量子化後の周波数成分

$F'(u, v)$ には2種類の可変長符号が適用されている。

まず，I フレームにおける各ブロックの直流成分 $F'(0, 0)$ は，図 6.7 に示す順序にブロック間の差分をとる。隣接ブロック間では $F'(0, 0)$ の値，すなわち平均的な明るさは似た値となるために，差分は小さい値の発生確率が高く，大きい値の発生確率は低い。したがって，小さい差分値に短い符号を，大きい差分値に長い符号を割り当てている。例えば，差分が 0 であれば符号長は 3 ビット，差分が最大値の 255 であれば 15 ビットが割り当てられる。

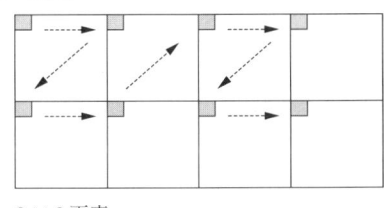

1	2	6	7	15	16	28	29
3	5	8	14	17	27	30	43
4	9	13	18	26	31	42	44
10	12	19	25	32	41	45	54
11	20	24	33	40	46	53	55
21	23	34	39	47	52	56	61
22	35	38	48	51	57	60	62
36	37	49	50	58	59	63	64

図 6.7 I フレームにおける $F'(0, 0)$ の符号化順序

図 6.8 ジグザグ状符号化の順序

I フレームにおける直流成分 $F'(0, 0)$ 以外の周波数成分，および P, B フレームにおける全周波数成分は，各ブロック内で図 6.8 に示すジグザグ状の順序で符号化される。ここで

① 周波数成分はジグザグの順序で少しずつ小さな値になる

② 量子化マトリックスで除され丸められた結果，高周波成分においては値が 0 になる場合が多い

などの性質が利用される。すなわち，周波数成分 $F'(u, v) = 0$ が連続する個数（**ランレングス**（run length）と呼ばれる）と 0 のつぎに来る 0 でない $F'(u, v)$ 値との組合せに対してある長さの符号が割り当てられる。ここで，ランレングスが同じであればつぎの $F'(u, v)$ 値が小さいほうに短い符号が，さらにつぎの $F'(u, v)$ 値が同じであればランレングスが小さいほうに短い符号が割り当てられる。

6.6 圧縮，復元の全体構成

MPEG における圧縮（符号化），復元（複号化）の全体構成を図 6.9，図 6.10 に示す．符号化時には，復号時に用いられるものと同一構成の復号器（ローカルデコーダ）が参照フレームの作成に用いられる．これにより，圧縮で生じる原画像との誤差が累積するのを防いでいる．

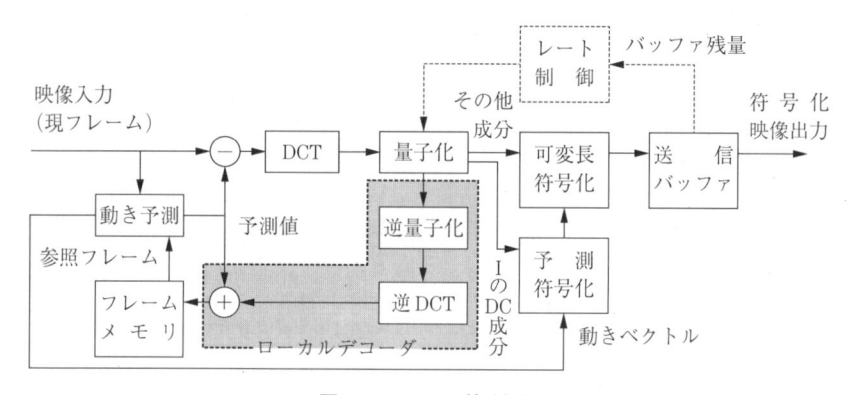

図 6.9 MPEG 符号器

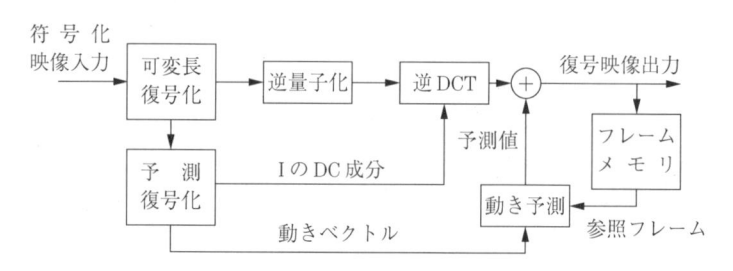

図 6.10 MPEG 復号器

圧縮後のデータ量は，画像の内容に依存し時々刻々と変化するために，データ速度は可変となる．一方，応用によっては，このデータ量が一定の固定速度であるほうが望ましい場合がある．例えば，ディスク記録では可変速度でも構わないが，テープ記録では固定速度でなければならない．また，伝送に際しても，一定速度の回線を多数の情報チャネルで共用すれば，個々のチャネルの伝

送速度は可変でもよい場合があるが，一定速度の回線を一つのチャネルで使用する場合は固定速度が望ましい．したがって，圧縮後の映像データの瞬間的な変動はバッファメモリで平滑化し，かつ平均的な速度が一定になるように量子化マトリックス値を変化させる手法が用いられる．

MPEGの中でも，MPEG1，MPEG2，MPEG4などで詳細なパラメータは異なる．例えば，MPEG1ではフレーム構造を対象としているが，MPEG2ではインタレース走査を前提としてフィールド構造を対象としている．また，MPEG1では色信号は線順次方式（色信号の走査線数は輝度信号の1/2）となっているが，MPEG2には同時方式（輝度信号と色信号の走査線数は同一）を対象とするモードもある．各方式の詳細は他の専門書に譲りたい[31]~[34]．

Q 6.2 図6.9において，参照フレーム作成に逆量子化，逆DCT化したローカルデコード信号を用いている．もし入力映像信号の隣接フレームから参照フレームを作成すると，どのような不具合が生じるのだろうか．

┌ コーヒーブレイク ┐

技術者と英語

国際化の時代となり，論文や資料など多くの技術情報が英語で入って来るし，また契約や事業活動も英語を基調とする場合が出て来る．ここでは，英語をできる度合いが技術者としての成否を左右しかねない．

語学の習得に近道はない．英語圏では，幼児や犬猫でさえ英語を理解する．基本は慣れであろう．語学教室に行く余裕がなくても，英語に慣れ親しむ機会は身のまわりでも探せる．テレビやラジオの英会話はオーソドックスな場であろう．例えば，DVDのおかげで，洋画を（日本語ではなく）英語の字幕で見ながら，耳と目で同時に英語に接することができる．海外旅行の機会には，積極的に英語で会話してみよう．英語圏には多種の民族が生活していて，必ずしも全員が英語に堪能というわけではない．意思が通じさえすれば十分で，上手な英語でなくても恥とはしない包容力がある．

特に技術的な会話の場合には，こちらの話にしっかりした内容があれば，相手は必ず耳を傾けてくれる．自分のペースで自信をもって話せばよい．語学と同時に中身を磨くことも重要である．

7 映像のディジタル変調，誤り訂正

伝送媒体を用いて効率よく情報を伝送するためには変調の技術が重要であり，さらに伝送のディジタル化に伴い，符号誤りの訂正技術の併用も不可欠となっている。一方，媒体の形態は異なるが，記録も伝送の一種と見なせるために，伝送と同様に変調，誤り訂正技術が重要である。変調や誤り訂正技術は，媒体の特性，システムの用途に応じて，各種の実現手法がある。

7.1 伝送用ディジタル変調

ディジタル映像信号を無線や光ケーブルで効率よく伝送する場合に，ディジタルデータを伝送媒体の特性に合わせることが必要となり，この機能が変調である。伝送媒体は比較的広い周波数帯域を有するが，伝送に際しては，その中の特定の周波数領域を利用するために，正弦波よりなる搬送波を用いる場合が多い。

7.1.1 単一搬送波による変調

映像信号をアナログ的に伝送する方法としては，映像信号の振幅に応じて，角周波数 ω_c の正弦波の振幅を変調する方法（amplitude modulation），周波数を変調する方法（frequency modulation）がある。

すなわち，情報 $v(t)$ を伝送する代わりに，$(1+v(t))\cos\omega_c t$ を伝送するのが振幅変調（AM）である。この中でも，発生する二つの側帯波をすべて伝送するのが両側帯波伝送，一つの側帯波のみを伝送するのが片側帯波伝送，一

つの側帯波のすべてともう一つの側帯波の一部を伝送するのが残留側帯波伝送である。また，搬送波成分 $\cos \omega_c t$ は伝送せず，$v(t) \cos \omega_c t$ のみを伝送するのが搬送波抑圧振幅変調である。一方，情報 $v(t)$ を伝送する代わりに，$\cos(\omega_c t + \theta(t))$ を伝送するのが周波数変調（FM）である。ただし $d\theta(t)/dt = v(t)$ である。

いずれの方法も，アナログ映像信号は連続的な振幅値を有するために，変調後の正弦波の振幅あるいは周波数も連続的な値を有する。

これに対して，ディジタル映像を伝送する場合には，正弦波の振幅か位相に離散的な値を与える。ディジタル伝送においては，正弦波の周波数を変調する場合もあるが，位相を変調する場合のほうが多い。

4相位相変調（quadrature phase shift keying, **QPSK**）を例にとろう。ここでは正弦波 S を

$$S = \sin(\omega_c t + \theta(t)) \tag{7.1}$$

とし，$\theta(t)$ は下記の四つの値しかとらないものとする。

$$\theta_1 = \frac{\pi}{4} \tag{7.2}$$

$$\theta_2 = \frac{3\pi}{4} \tag{7.3}$$

$$\theta_3 = -\frac{3\pi}{4} \tag{7.4}$$

$$\theta_4 = -\frac{\pi}{4} \tag{7.5}$$

一方，入力データを2ビットずつに区切る。この2ビットの単位をシンボルと呼ぶ。ここで2ビットのデータには下記の4種の状態がある。

$$s_1 = (00) \tag{7.6}$$

$$s_2 = (01) \tag{7.7}$$

$$s_3 = (11) \tag{7.8}$$

$$s_4 = (10) \tag{7.9}$$

QPSKにおいては，例えばシンボルの状態が s_1 であれば θ_1，s_2 であれば θ_2 な

どと，正弦波の位相をシンボルの状態に合わせて時々刻々と変化させる。

シンボルの状態の位相への割当てには，この他に，現在のシンボルの状態が s_1 であれば一つ前のシンボルに対応した位相に θ_1 を加えたものを現在の位相とする割当て方（差動変調）もある。この場合には，受信側で現在のシンボル位相の絶対値がわからなくても，一つ前のシンボル位相からの変化分がわかれば復調できるために，受信側で基準の位相を必要としない利点がある。

一般には，n ビットのデータには 2^n 個の状態があるから，入力データを n ビットずつに区切ったものをシンボルとし，2^n 個の正弦波の状態に対応させる。しかし，n が大きくなると，正弦波の位相の変化だけに対応させるよりは，正弦波の振幅と位相の組合せの変化に対応させるほうが効率がよい。

$n=4$ の場合に，正弦波の3種の振幅，12種の位相の組合せを用いたものが **16QAM**（quadrature amplitude modulation）である。QPSK，16QAM において用いられる正弦波の振幅，位相の組合せ状態を**図7.1**に示す。

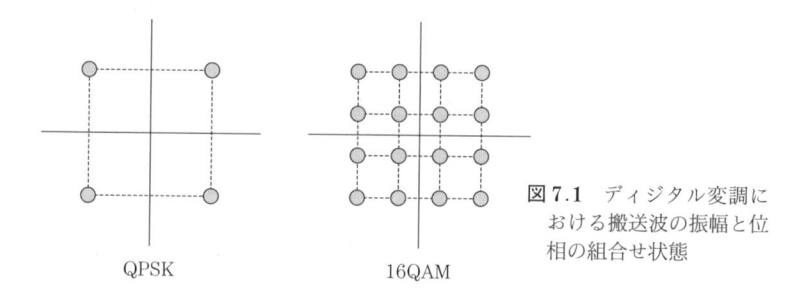

QPSK　　　　　　16QAM

図7.1 ディジタル変調における搬送波の振幅と位相の組合せ状態

この他の QAM としては，$n=6$ に対応した 64QAM，$n=8$ に対応した 256QAM などがある。

伝送条件（周波数特性，信号対雑音比など）がよいほど大きな n を用い得る。衛星放送（QPSK ほか），ケーブル TV（64QAM，256QAM），FPU（field pick-up unit）に代表されるマイクロ波中継伝送（16QAM，64QAM）など，用途に応じてこれらの伝送パラメータが使い分けられている。

Q 7.1 多値数が QPSK から 16QAM に増えると，伝送路に許容される雑音はどのくらい厳しく（小さく）なるだろうか。図7.1 の QPSK と 16QAM にお

ける信号点間の距離の差から考えてみよう．

7.1.2　複数搬送波による変調

　与えられた伝送周波数帯域内にあって，周波数が異なる N 個の正弦波を同時に用いて伝送することもできる．ここで，入力データは Nn ビットずつに区切り，各正弦波は 2^n 個の状態を有する．N として1 000以上の大きな値を用いて効率的に実現したものが，**OFDM**（orthogonal frequency division multiplexing）である[35), 36)]．

　搬送周波数として Δf, $2\Delta f$, $3\Delta f$, ……, $(2K+1)\Delta f$ といった整数倍の関係にある周波数を考え，各搬送波が16 QAM変調されている例を示そう．ここで搬送波数 $N=2K+1$ である．k 番目の搬送波の値を複素数 $C(k)=I(k)+jQ(k)$ で表現すると，I, Q は図7.1における16QAMの横軸と縦軸の値に相当する．ここで，伝送信号は

$$M = \sum_{k=1}^{2K+1} C(k) e^{j2\pi k \Delta f t} \tag{7.10}$$

と表せる．実際の伝送時には，これらを中心周波数 f_c に周波数変換した周波数 $f_c - K\Delta f$, ……, $f_c - \Delta f$, f_c, $f_c + \Delta f$, ……, $f_c + K\Delta f$ の $(2K+1)$ 個の搬送波 M' を伝送することになる．ここで，M' は次式となる．

$$M' = \sum_{k=1}^{2K+1} C(k) e^{j2\pi(k-(K+1))\Delta f t} e^{j2\pi f_c t} \tag{7.11}$$

　もし，M を実現するために，$(2K+1)$ 個の搬送波に対して $(2K+1)$ 個の16QAM変調器を用意するのであれば，変調系の全体はきわめて煩雑な構成になるが，式(7.10)が $C(k)$ の逆フーリエ変換に相当しているというOFDMの特徴を利用し，簡易な変調器が実現できる．すなわち，$(2K+1)$ 組の $I(k)$, $Q(k)$ を入力する図7.2の逆フーリエ変換器があれば，その出力として M が一括して得られる．$I(k)$, $Q(k)$ がシンボル単位で時間的に変化すれば，それに合わせて M も変化していく．

　一方，復調時において，$C(k)$ は M と基本となる k 番目の搬送波 $e^{-j2\pi k \Delta f t}$ を用いて，次式で求まる．ここで，T はシンボル周期である．

7. 映像のディジタル変調，誤り訂正

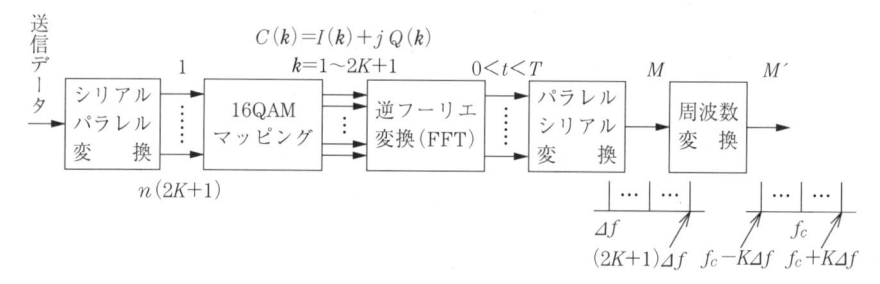

図 7.2 OFDM 変調器（16QAM：$n=4$）

$$\int_0^T Me^{-j2\pi k\Delta ft}dt = TC(k) \tag{7.12}$$

このように，各搬送波が妨害することなく $C(k)$ が独立に復調できるのは，各搬送波が直交しているためである。

式 (7.12) はフーリエ変換に相当する。復調時に得られる実際の M は時間的に標本化されており，上式の積分 $\int$ は離散的な時間関数の和 Σ で演算される。すなわち，図 7.3 のようにシンボル単位で時間関数 M をフーリエ変換すれば，その出力として $(2K+1)$ 組の $I(k)$，$Q(k)$ が得られる。

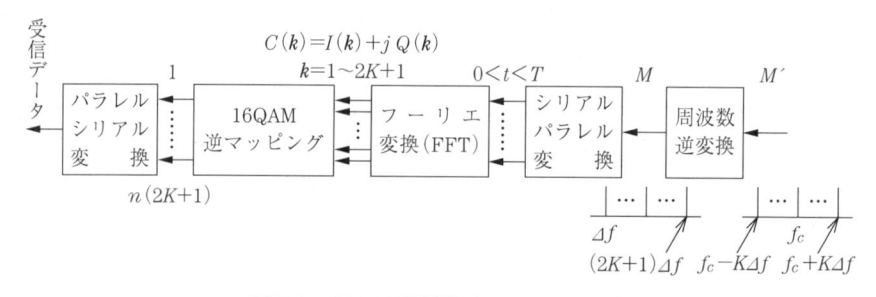

図 7.3 OFDM 復調器（16QAM：$n=4$）

OFDM においては，N 個の搬送波を用いるために，搬送波が 1 個の場合に比べてシンボル期間が N 倍になる。したがって，伝送時に発生する妨害を受けにくい特徴を有する。特にマルチパス（反射妨害）があっても，図 7.4 のように，シンボル期間内にマルチパスの影響のない時間帯が残っているかぎり，正しい復調ができる。この特徴を生かして，OFDM は地上波デジタル放送，マラソン中継のような移動体からの無線伝送を行う FPU などに採用されてい

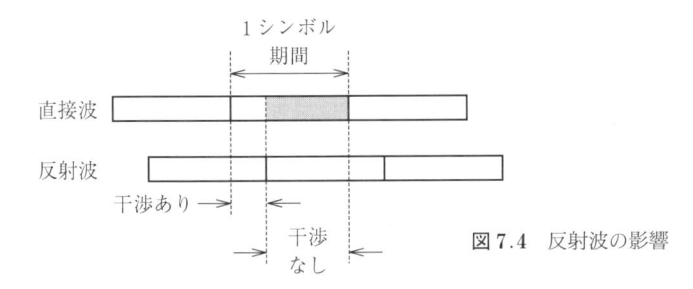

る。

Q 7.2 放送波を遠隔地まで伝えるために，送信局から送られる放送波を受信し，増幅後に再送信する中継局がある（送信経路：送信局→中継局→家庭）。アナログ放送の場合には，中継局における受信波と再送信波の間の混信を避けるために，受信波とは別の周波数を用いて再送信しているが，デジタル放送では同一周波数で再送信できるといわれている。図7.4を参考にして，その理由を考えてみよう。

7.2 記録用ディジタル変調

　ディジタル映像信号を記録する場合に変調の機能を必要とする理由は，ディジタル伝送の場合と同様である。しかし，記録媒体に合わせた具体的な変調方式には，伝送とは異なる記録に固有の方式がある。

　記録媒体の特性として，例えば磁気記録の場合は，多くの再生ヘッドにおいては，得られる電圧は磁気記録媒体から発生する磁束の微分値になる。すなわち，直流もしくは直流に近い低周波成分は再生されない。

　光記録の場合は，再生電圧は光記録媒体の反射光量に相当するが，例えばデータの1（または0）が長時間にわたって継続すると，その光量がそもそも1に対応しているのか0に対応しているのかを判別できなくなる。すなわち，許容できる同一レベルの継続データ数（ランレングス）には限界がある。これは，磁気記録の場合にも当てはまる。

7.2.1 データのランダム化

データの1, 0に対して，同じ形態のデータ1, 0を**NRZ**（non return to zero）**符号**と称し，データの1（もしくは0）においてデータの極性1, 0を反転する符号を**NRZI**（non return to zero inverse）**符号**と称する。

NRZまたはNRZI記録の代わりに，これにランダムデータを加算（排他的論理和）したデータを記録する方式，**スクランブルド**（scrambled）**NRZ**（またはNRZI）が磁気記録で用いられる。再生データに記録と同一のランダムデータを加算（排他的論理和）すれば，元のデータが復元できる。これらの構成を図7.5に示す。

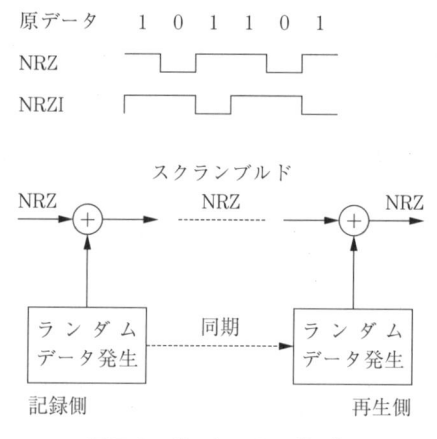

図7.5 データのランダム化

この操作により，記録データの1と0の数が等しくなる確率は高くなり，記録データの直流成分は抑圧される。かつ，記録再生に必要とする変調器，復調器が簡単な利点がある。このために，ディジタルVTRへの採用例がある。

しかし，原NRZまたはNRZIデータが，ここで用いるランダムデータと同一内容で変化すれば，記録データは0が継続する。また，記録データが完全にランダム化され，1と0の発生確率がともに1/2になったとしても，1または0がp個継続する確率は$1/2^{p+1}$だけあり，小さい確率ではあるが無限大のランレングスが存在する。このように，記録に際して望まれる条件が，いかなる

場合でも保証される訳ではない欠点がある。

7.2.2 データのブロック変換

原データをnビットずつのブロックに区切り，そのnビットをmビット（ただし，$n \leq m$）のブロックに変換して記録する。

例えば，映像の1画素を8ビットで符号化し，これを10ビットの符号に変換して記録する。10ビットの符号は$2^{10}(=1\,024)$個あり，その中から8ビットに相当する$2^8(=256)$個の符号を使用すればよいことから，目的に合った都合のよい符号を選択できる。

表7.1は10ビットの符号1024個においてランレングスを制限した場合の符号の重み分布を示す[37]。ここで，符号の重みとは，符号中のビット1に+1を，0に-1を割り当て，10ビットで合計した値を示す。例えば，10ビットにおいて1と0の数が等しければ重みは0であり，すべて1であれば重みは+10である。表中には，これらの1024個の符号がランダムに発生した場合に，それらを時間的につなぎ合わせた結果で生じる符号系列のランレングスの最大値を示してある。最大ランレングスが4の符号は498個あるから，この中から8ビットの符号に必要とする256個を選べば，ランレングスが4以下の符号が実現できる。もし，ランレングスを10まで許容すれば，256個の符号のうち252個は重み0，残りの4個は重み2または-2の符号を使用できる。

一般に，nに比べてmを大きくすればするほど，重みが0の符号を多く使

表7.1 10ビットランレングス制限符号の重み分布

		符号重み										総符号数
		+10	+8	+6	+4	+2	0	-2	-4	-6	-8	-10	
最大RL	∞	1	10	45	120	210	252	210	120	45	10	1	1 024
	10	0	2	33	112	208	252	208	112	33	2	0	962
	8	0	0	25	100	200	250	200	100	25	0	0	900
	6	0	0	13	78	180	232	180	78	13	0	0	774
	4	0	0	1	34	124	180	124	34	1	0	0	498
	3	0	0	0	9	62	108	62	9	0	0	0	250

用できる。これは直流成分が0に近づくことに相当する。同時に、ランレングスの最大値をなるべく小さく、かつ最小値をなるべく大きく設定できる。

なお、$n=m$であっても、画像の特徴を併用すれば変換の意義はある。例えば、8ビットの符号256個（10進法で255から0）を、図7.6のように重みの順（8, 6, 4, 2, 0, −2, −4, −6, −8）に並べた256個の符号に変換する[37]。かつ、重み順に変換した符号を画素ごとに反転する（各ビットの1を0へ、0を1へ変換する）。例えば、重み2の符号（1011 0101）は反転により重み−2の符号（0100 1010）となる。隣接した画素間では映像レベルが近い値であるために、画素間で同一重みの符号が使用される確率が高く、かつ反転操作により画素間で重みの極性が異なる。この結果、2画素の16ビットを単位として見ると、多くの場合は重み0の符号となる。

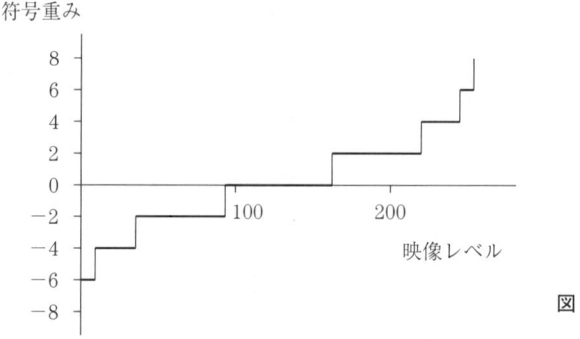

図7.6　8-8変換

ディジタルVTRでは**8-8変換**、**8-12変換**、**8-14変換**、DVDでは**8-16変換**の採用例がある。

7.3　符号誤りの訂正

変調技術と合わせて、ディジタル伝送あるいは記録の実用化に必須となる技術に符号誤り訂正がある。ディジタル伝送あるいは記録においては、雑音などにより、本来1（あるいは0）であるべき符号が0（あるいは1）に誤ることは

確率的には避けられず，これを元の正しい符号に復元する技術が誤り訂正技術である[38]。

7.3.1 符号間距離

n ビットの符号において，k ビットが異なる符号同士を符号間距離（Hamming 距離）が k の符号と呼ぶ。

例えば，3 ビットの符号を考えると，(000) に対しては

  (001)，(010)，(100)：距離 1
  (011)，(101)，(110)：距離 2
  (111)：距離 3

となる。ここで，8 個の符号の中から距離が 3 となる 2 個の符号

  (000)，(111)

しか使用しないとする。すなわち，原データが 0 であれば (000) を，1 であれば (111) を用いることに相当する

ここで，(000) に対して 1 ビットの符号誤りがあれば上記の距離 1 の三つの符号のいずれかに変化する。また，(111) に対して 1 ビットの符号誤りがあれば上記の距離 2 の三つの符号のいずれかに変化する。つまり，得られた符号中に 1 が 1 個あれば原データは (000) であったと判定でき，1 が 2 個あれば原データは (111) であったと判定できる。これは，1 ビットの誤りであれば，誤りを訂正したことに相当する。また，1 が 1 個ある符号があれば，これは (111) が 2 ビット誤った結果あるいは (000) が 1 ビット誤った結果と見なせるし，1 が 2 個ある符号があれば，これは (000) が 2 ビット誤った結果あるいは (111) が 1 ビット誤った結果と見なせる。すなわち，(000)，(111) よりなる符号は 2 ビット以下の符号誤りを検出できる，とも見なせる。

一般に，符号間距離 k が $2q+1$ の符号を用いれば，$2q$ ビット以下の符号誤りの検出，あるいは q ビット以下の符号誤りの訂正ができる。

このように，全符号の中から所定の距離を有する符号のみを使用する，ということは，本来，使用したい n ビットの符号に余分な符号を付加し，合計 m

ビットの符号として使用することに相当する。このような符号を (m, n) 符号と呼ぶ。ここで付加する $(m-n)$ ビットを検査符号と呼ぶ。**図 7.7** に示すように，伝送あるいは記録の前に検査符号を付加し，伝送あるいは記録の後に検査符号を用いて誤り訂正あるいは検出を行う。

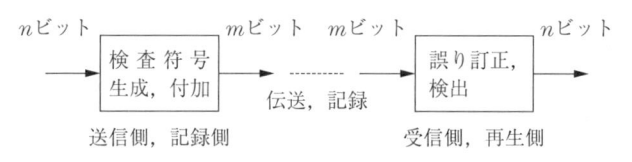

```
 nビット          mビット   mビット          nビット
 ──→ ┌──────┐ ──→ ........ ──→ ┌──────┐ ──→
      │検査符号│      伝送，記録     │誤り訂正，│
      │生成，付加│                    │検出    │
      └──────┘                    └──────┘
       送信側，記録側                   受信側，再生側
```

図 7.7　誤り訂正処理

検査ビットの生成，誤り訂正（誤りビット位置の確定）などを実現する演算手法に対応して，各種の誤り訂正符号が存在する。これらの中で，映像に対しては**リード・ソロモン**（Reed-Solomon）**符号**が多用されている。その理由の一つは，リード・ソロモン符号においては，画素（ワード）単位で検査符号の生成，誤り訂正あるいは検出処理が行えることにある。

リード・ソロモン符号においては，$m-n=2q$ となる。例えば，本来のデータに4ワードの検査符号を付加すれば，符号間距離は5となり，4ワードの誤りを検出するか，「あるいは」2ワードの誤りを訂正できる。ここで「あるいは」と強調したのは，この例で2ワードの誤りを訂正しようとすると，誤り検出を同時には実現できない。ただし，誤り訂正能力を1ワードに抑えれば，3ワード以下の誤りを同時に検出できる。また，4ワードの誤りを検出しようとすると，1ワードの誤りに対しても誤り訂正はできない。これらの状況を**図 7.8** に示す。

Q 7.3　D1方式ディジタルVTRに用いられている $(64, 60)$ リード・ソロモン符号は，64ワード中に存在する2ワードまでの誤りを訂正できる。誤り訂正前のワードの誤り率を 10^{-4} とした場合に，誤りワードが3ワードを超えて訂正できなくなる確率はどの程度になるだろうか。

7.3 符号誤りの訂正 89

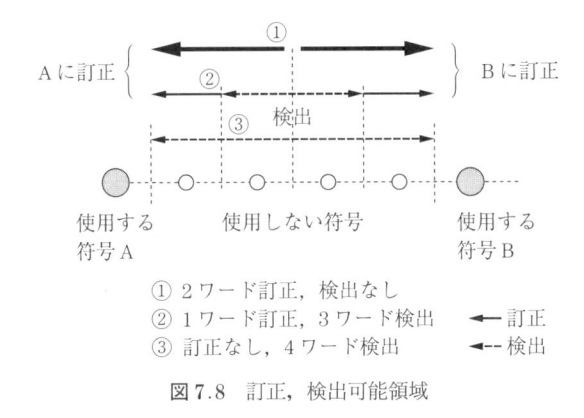

```
Aに訂正 { ←―――①―――→ } Bに訂正
         ←――②――→
          ←―③―→
    ●―○―○―○―○―○―●
   使用する    使用しない符号    使用する
   符号A                     符号B
```

① 2ワード訂正，検出なし
② 1ワード訂正，3ワード検出　←― 訂正
③ 訂正なし，4ワード検出　　　←-- 検出

図7.8 訂正，検出可能領域

7.3.2 誤り訂正符号の実際の使用形態

n ワードの映像データを伝送あるいは記録する際に，検査符号の付加により，実際は m ワードの映像データを伝送あるいは記録することになる。この増加分をなるべく少なくしながら，かつより多くの符号誤りに対処したい。これを実現する手法に，2次元符号あるいは積符号と呼ばれる構成がある。

図7.9に示すように，ワード単位の映像データを2次元的に配列する。ここで，まず列方向に垂直検査符号を生成する。つぎに行方向に演算して水平検査符号を生成する。行方向を**内符号**（inner code），列方向を**外符号**（outer code）とも呼ぶ。しかる後に映像データと検査符号を行の順番に伝送あるいは記録する。誤り訂正時には，得られた符号を再度2次元的に配列し，まず行

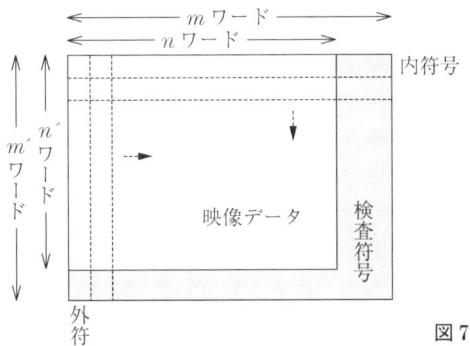

図7.9 2次元符号

方向に内符号の誤りを訂正し，つぎに列方向に外符号の誤りを訂正する。

伝送あるいは記録時には，符号誤りが時間的に集中して発生する場合が多い。これをバースト誤りと呼ぶ。m ワードの内符号の中に誤り訂正の限界を超える多数の誤りが集中的に発生すると，内符号の誤り訂正は不能となる。しかし，このようなバースト誤りも，m' ワードの外符号にとっては少数の誤りと見なせて，訂正可能となる場合が多い。

符号誤りの発生状況によっては，2次元構成にしても訂正できない誤りがある。しかし，ある行，ある列に誤りが存在することは検出できる場合もある。この場合は，これら行列の交点のワード（画素）に誤りがあると推定されるが，その正しい値がなにかはわからない。この際に，不明な画素値を隣接する画素の平均値などで置き換えることが有効である。これを**誤り修整**（error concealment）と呼ぶ。修整画素の数が少なければ，視覚的には修整は**誤り訂正**（error correction）と同等の効果を発揮する。しかし，伝送における送信・受信の繰返し，あるいは記録における記録・再生の繰返し（ダビング，dubbing）に際しては，修整画素数は累積していくために，修整の効果には限界がある。

コーヒーブレイク

標準化活動

技術を世の中に広めるために，標準化が重要な意味をもつことは疑いがない。例えば，「A社製のVTRで記録したテープをB社製のVTRで再生する」「C社製のエンコーダで圧縮した映像データをD社製のデコーダで伸張する」など互換性実現に不可欠となるからである。

逆に，世界を制覇するには標準化競争（戦争という人もいる）に打ち勝たなければならない。ただし，「技術のよさ」だけで競争，議論がなされるわけではなく，いわゆる政治力が必要な場合もある。政治力を毛嫌いする傾向もあるが，むしろ議論を進め，まとめる基本的な手法と捉えるべきであろう。積極的に標準化の議論に参加し，より幅の広い expert を目指して欲しい。

なお，標準化すると，その時点の技術レベルで凍結されることが多い。しかし，信号処理の分野ではバージョンアップ可能な標準化方法も模索されており，グローバルな標準化競争はますます激しくなる。活躍の場は広い。

8 撮像システム

映像システムにおいて，まずは被写体の状況を電気信号に変換する必要がある。テレビジョン信号を生成するテレビカメラは，当初は放送局にしか存在しないような貴重で高価な機器であったが，撮像素子が電子管から半導体に代わるに伴い，現在は産業用に使われる他に，広く家庭へも行き渡っている[39]。

8.1 テレビカメラと撮像素子

8.1.1 テレビカメラの構成

テレビカメラは被写体の光学的な明暗，色彩情報を電気的な情報であるテレビジョン信号に変換するものである。ここでは簡単のために，明暗情報のみを有する場合（つまり，白黒のテレビカメラ）を想定すると，被写体は3次元空間の位置座標 x, y, z に応じて変化する明暗情報 $O(x, y, z)$ を有する。より正確にいえば，被写体は移動したり明暗の状態が時間的に変化したりするために，被写体情報 O は時間 t にも依存する4次元情報 $O(x, y, z, t)$ である。

図 8.1 に示すように，テレビカメラにおいて被写体 $O(x, y, z, t)$ はレンズで撮像素子の撮像面に3次元情報 $O'(X, Y, t)$ として結像される。ここで X, Y は撮像面上の位置座標である。撮像素子とは，この明暗情報 $O'(X, Y, t)$ を，時間 t のみの関数であるテレビジョン信号 $S(t)$ に変換する素子である。

92   8. 撮像システム

図8.1 テレビカメラの構成

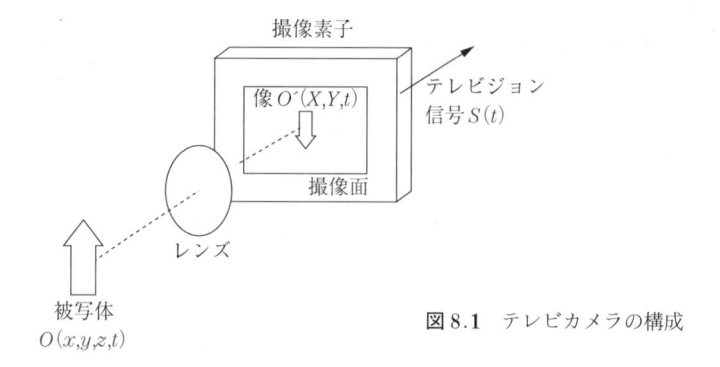

8.1.2 撮像素子の基本機能

撮像素子は，**表8.1**に示すように，① 画素単位に光の強弱を電気の強弱へ変換する光電変換機能，② 電気の強弱信号を一定（フレーム周期）時間の間に蓄積する蓄積機能，③ 蓄積後の電気信号を画素の順番に従って撮像素子の外部へ出力する走査機能，の三つの機能を有する。

表8.1　撮像素子の基本機能と実現形態

		撮像素子	
		撮像管	固体撮像素子
基本機能	光電変換	光導電膜	光ダイオード
	蓄積	光導電膜の膜圧方向の静電容量	光ダイオードの接合容量
	走査	偏向手段により移動する電子ビーム	電気的スイッチ

これらの機能を電気的な等価回路で表現すると，**図8.2**のようになる。光電変換は，光の強弱に対応して電流 i_s を発生する画素単位の電流源と見なすことができる。蓄積は，電流源に並列に接続された画素単位の静電容量へ電流 i_s が電荷 Q_s の形で蓄積されると見なすことができる。走査は，画素の順番に静電容量を短絡するスイッチと見なすことができて，その際に外部に取り出される電流 I_s がテレビジョン信号 $S(t)$ である。静電容量を短絡する周期は，1フレーム周期であり，蓄積機能は1フレーム時間における光の強弱の積分値を光電変換することと等価である。これはカメラとしての感度向上につながる。1

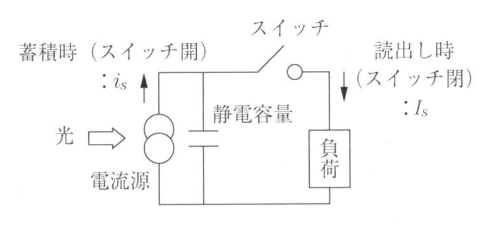

図8.2 画素単位の撮像素子等価回路

フレーム周期を 1/30 秒とすると，光信号 $O'(X, Y, t)$ の代わりに次式の $O''(X, Y, t)$

$$O''(X, Y, t) = \int_0^{1/30} O'(X, Y, t)\, dt \tag{8.1}$$

が光電変換されることに相当する．すなわち，$O''(X, Y, t)$ は 1/30 秒以下の速い動きが平滑化されて取り除かれ，比較的ゆっくりとした動きに制約されるが，その見返りとして，蓄積前に比べて感度が全画素数倍に向上する．

一方，テレビジョン信号 $S(t)$ においては，1/30 秒の間に1フレームの全画素の情報が順次含まれているために，$S(t)$ は 1/30 秒のさらに全画素数分の1の細やかさで変化している．

これらの機能を実現する撮像素子としては，以下に述べる撮像管，固体撮像素子が実用に供されている．

8.2　撮　　像　　管

撮像管（image pickup tube）は円筒形のガラス真空容器の中に構成された一種の真空管である．**図8.3**に示すように，透明電極を介して光の像は撮像面である光導電膜の上に結像される．光導電膜を膜の厚み方向に見ると，等価的には光に比例する電流を発生する電流源と，それに並列に形成された静電容量とよりなり，電流は電荷の形で静電容量に蓄積される．光導電膜は面方向には連続であり，次節で述べる固体撮像素子のような明確な画素の境界は膜上には存在しないが，膜は面方向には高い絶縁性を有している．したがって，結像さ

8. 撮像システム

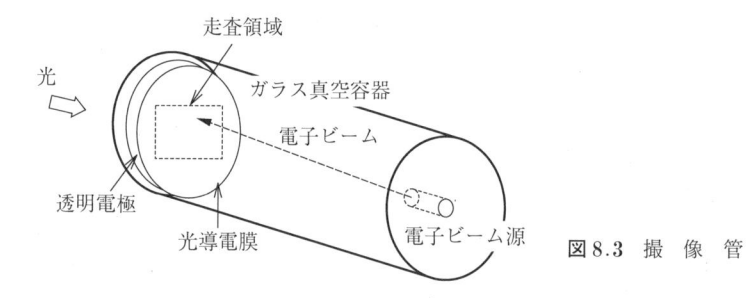

図8.3 撮像管
（光、走査領域、ガラス真空容器、電子ビーム、透明電極、光導電膜、電子ビーム源）

れた光の強弱分布に対応した電荷分布が膜に形成される．一方，電子ビーム源より発生された細い電子ビームは，膜の裏側から膜面に到達し，電子ビームが当たった位置の電荷はその時刻の電流として透明電極から外部に出力される．電子ビームの到達位置は，撮像管の外部にある磁界や電界発生装置で制御され，膜面上の走査領域を移動するために，電荷の分布が電流の時間的変化として出力される．すなわち，走査の機能が実現されている．

撮像管は電子管であるために，固体撮像素子と比較すると大型で有限の寿命があり，また作動させるためには高電圧を必要とする．テレビジョンの歴史の中で，撮像管は主流の撮像素子として長期間使用されてきたが，今日では超高感度を要する場合，非可視光領域に感度を要する場合など，特殊な分野に限られて使用されている．

Q 8.1 可視光以外に赤外線，紫外線，X線などに感度のあるカメラがあったら，どんな応用が考えられるだろうか．

8.3 固体撮像素子

固体撮像素子は半導体回路で実現された撮像素子で，撮像管に比べると，小型，長寿命，低電圧動作などの特徴を有する．固体撮像素子においては，フォトダイオードが撮像面上に2次元アレー状に配列されて画素を形成している．フォトダイオードは，光電変換機能と逆バイアスされたpn接合容量を用いた蓄積機能を有する．蓄積された各画素の電荷は，スイッチ回路を介して順番に

8.3 固体撮像素子

外部に信号として取り出されるが，画素の選択，読出しに関して，転送型（CCD撮像素子）とアドレス選択型（CMOS撮像素子）に分けることができる．

8.3.1 CCD撮像素子

CCD（charge coupled device）**撮像素子**は固体撮像素子の中でも感度が高く，主流の撮像素子として長らく放送・業務用，民生用テレビカメラに用いられている．CCDの特徴は，フォトダイオードと組み合わせて用いられる，図8.4に示すようなアナログ的なシフトレジスタにある．ここでは，外部から供給されるクロックパルスに合わせて，各レジスタ内の電荷がいっせいに隣のレジスタへ転送される．

図 8.4 CCDにおける各時刻の信号内容

図 8.5 フレーム蓄積型インタラインCCD撮像素子の構成

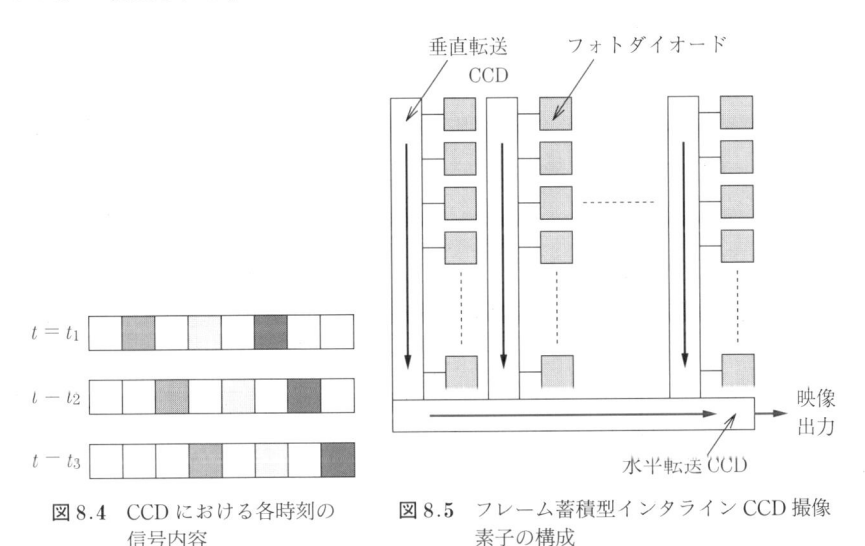

図8.5はフレーム蓄積型インタラインCCD撮像素子の構成である．各列のフォトダイオードの間に垂直転送CCDが形成され，1フレーム期間に各フォトダイオードに蓄積された電荷は，垂直帰線期間にいっせいに隣接した垂直転送CCDに読み出される．垂直転送CCD内の電荷は，水平走査周期で1段ずつ下方に転送され，垂直転送CCDの最下段は水平転送CCDに接続されてい

る。水平転送CCD内の全電荷は，水平走査周期で外部に順次，出力される。

この他に，CCDにはインタレース走査の実現方法，光電変換部と転送部の一体化による高感度化，などを目指した各種の変形（フィールド蓄積型インタライン，フレーム転送型など）がある。

8.3.2 CMOS撮像素子

MOS型の撮像素子は，CCDより古くから検討されていたが，感度の面でCCDに及ばず，長らく主流の撮像素子にはなれなかった。しかし，CMOS化に伴い，低電力動作，簡易製造プロセスによる低価格化，撮像素子周辺回路（駆動回路，A-D変換回路など）と撮像素子の同一チップ化，などのCCDにはない特徴が見直されている。この結果，携帯電話内蔵テレビカメラ，低価格テレビカメラなどに採用されつつある。さらに，高速動作や，任意画素のランダムアクセス出力機能などの特徴を生かして，標準テレビ方式より高フレーム周波数の特殊テレビカメラにも応用分野を広げつつある。例えば，FA（factory automation）用などである。

CMOS撮像素子は，図8.6に示すように，フォトダイオードとディジタル的な垂直，水平走査回路（シフトレジスタ），垂直，水平スイッチなどよりな

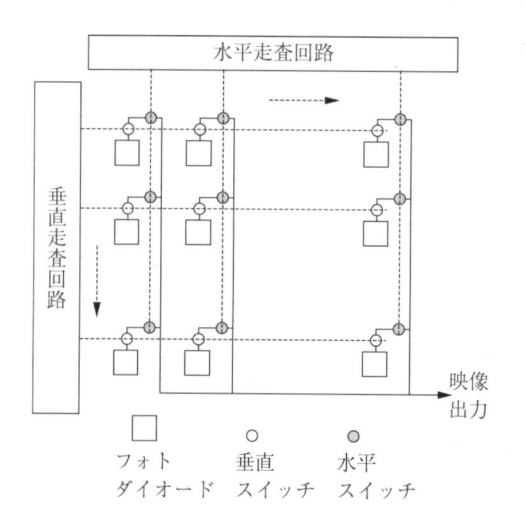

図8.6 CMOS撮像素子

る。垂直シフトレジスタではパルスが水平走査期間ごとに1行ずつ下方に移動する。パルスが印加された行の各画素のフォトダイオードは，垂直スイッチが開き水平スイッチに接続される。一方，水平シフトレジスタでは，水平走査周期で一巡するように左から右へと順番にパルスが移動し，パルスが印加された水平スイッチを開いていく。この結果，垂直，水平シフトレジスタからのパルスが同時に印加されている画素の電荷が順番に出力線に接続され，外部へ出力される。シフトレジスタ以外のランダムアクセス可能な手段でパルスを印加すれば，任意位置の画素電荷を出力することも可能である。

Q 8.2 CMOS 撮像素子では，フォトダイオードや走査回路などの基本回路以外の周辺回路を撮像素子と同一チップ上に構成できるが，どんな回路を実装したら便利になるかイメージしてみよう。

8.4　3原色信号への色分解

これまでは，説明を簡単にするために，撮像面上に結像する光情報としては明暗のみを有する $O'(X, Y, t)$ について説明してきた。しかし，自然界に存在する光情報は色彩を有しており，光の波長 λ の関数でもある。すなわち，前述の蓄積効果も含めると $O''(\lambda, X, Y, t)$ と見なせる。なお，撮像面上の光情報 $O''(\lambda)$ は，厳密にいえば3.5節で説明した光源の特性 $P(\lambda)$ と被写体の反射率 $\rho(\lambda)$ の積で与えられるものである。

これから3原色信号 R, G, B を得るためには，波長 λ に対する透過特性が $r(\lambda)$, $g(\lambda)$, $b(\lambda)$ となる色フィルタを介して，撮像することになる。これらの $r(\lambda)$, $g(\lambda)$, $b(\lambda)$ には，図3.8に $r_N{}^*(\lambda)$, $g_N{}^*(\lambda)$, $b_N{}^*(\lambda)$ として示してある NTSC 信号の撮像特性に準じたものが用いられる。例えば $r(\lambda)$ を介して得られる R は被写体の赤色成分に相当する信号となるが，この動作を数式で表現すると，緑色 G，青色 B 成分も含めて次式となる。

$$R = \int O''(\lambda) r(\lambda) d\lambda \qquad (8.2)$$

$$G = \int O''(\lambda) g(\lambda) d\lambda \qquad (8.3)$$

$$B = \int O''(\lambda) b(\lambda) d\lambda \qquad (8.4)$$

これらの積分範囲は，NTSC 撮像特性の波長存在領域に相当する，ほぼ 400 nm から 700 nm の範囲である．テレビカメラ内部で，これらの積分演算を電気的に行っている訳ではないが，色フィルタを介して撮像すれば，これらの演算と等価な動作が自動的に行われる．

8.5 カラーテレビカメラにおける撮像素子数

8.5.1 3 撮像素子カラーテレビカメラ

カラーテレビに必要な 3 種のテレビ信号を 3 個の独立した撮像素子から得るものであり，高画質を要求される放送用，業務用カメラの形態である．

このためには，被写体の赤，緑，青成分の光学像を得る必要があり，これを実現するのが図 8.7 に示す色分解光学系である．これは，赤成分のみを反射す

図 8.7 3 撮像素子カラーテレビカメラの色分解光学系

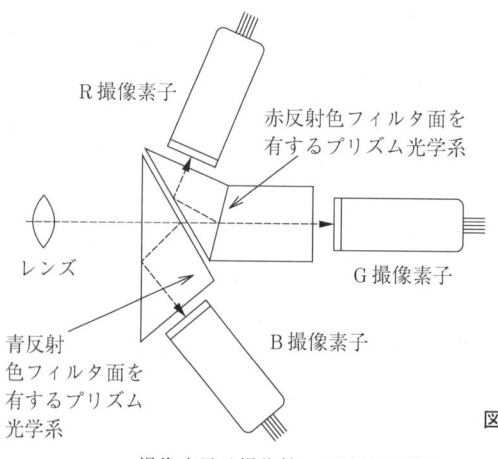

撮像素子は撮像管，固体撮像素子

る色フィルタ（透過特性が $(1-r(\lambda))$），青成分のみを反射する色フィルタ（透過特性が $(1-b(\lambda))$）を有するプリズムブロックの組合せよりなる。

8.5.2 単一撮像素子カラーテレビカメラ

3撮像素子カラーテレビカメラは高画質が得られるものの，大型，高価になるために，一つの撮像素子で3種のテレビ信号が同時に得られる単一撮像素子カラーテレビカメラが民生用などに用いられている。

3色の分解は画素の概念が明確な固体撮像素子の各フォトダイオード上に，3種の色フィルタを形成するものである。色フィルタの配列には，視感度の高い緑成分を重視した**図8.8**に示すBayer型と呼ばれる構成が広く用いられる。撮像素子からは画素単位に各色の信号が得られるために，これらをスイッチで各色の信号に分離できる。なお，図のような原色（赤，緑，青）フィルタの代わりに，補色（シアン，マゼンタ，黄）フィルタを用いて光の利用率（感度）を向上させる場合もある。

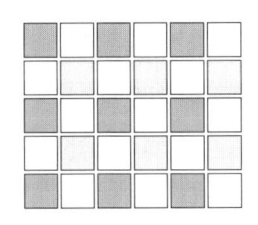

■ 赤
□ 緑（赤，青の2倍の素子数）
□ 青

図8.8 単一撮像素子への色割当て（Bayer型）

8.6 テレビカメラにおける信号処理

8.6.1 非線形処理

撮像素子から得られる信号電流値は，一般には光の強弱に比例しているが，表示素子として多く用いられている受像管（CRT）は入力電圧の2.2乗の明

るさを発するといわれている。また，光は明と暗では例えば5けた程の差があるが，カメラで扱える信号の振幅範囲には限度があるために，過大光入力があるとカメラが異常動作する危険性がある。

このために，カメラとしては**図8.9**に示すように，通常範囲の光に対しては撮像素子の電流の1/2.2乗の信号を，また過大な光に対しては一定レベルの信号を出力するように，カメラ内部で非線形処理を行っている[40]。

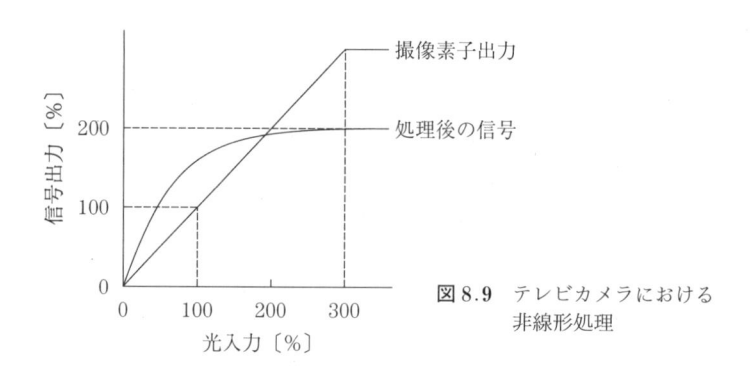

図8.9 テレビカメラにおける非線形処理

8.6.2 輪郭強調

テレビ信号の高周波成分を強調し，映像の輪郭部が鮮明に見えるような処理がカメラ内で行われる。これを**輪郭強調**（contour enhancement）という。これには**図8.10**のように，原信号および原信号と時間差が τ となる信号との線形演算が行われている[40]。例えば，$\tau=1$ 画素の時間差 とすると画面の水平方向の輪郭を強調したことになり，$\tau=1$ 走査線の時間差 とすると画面の垂直方向の輪郭を強調したことになる。

Q 8.3 図8.10では時間軸上の波形で輪郭強調回路の効果を示してあるが，これを周波数軸上の効果で考えてみよう。例えば，$\cos \omega t$ なる正弦波が入力された場合の出力を $A \cos (\omega t + \varPhi)$ とすると，A, $\varPhi$ は ω や τ に対してどんな関数になるだろうか。

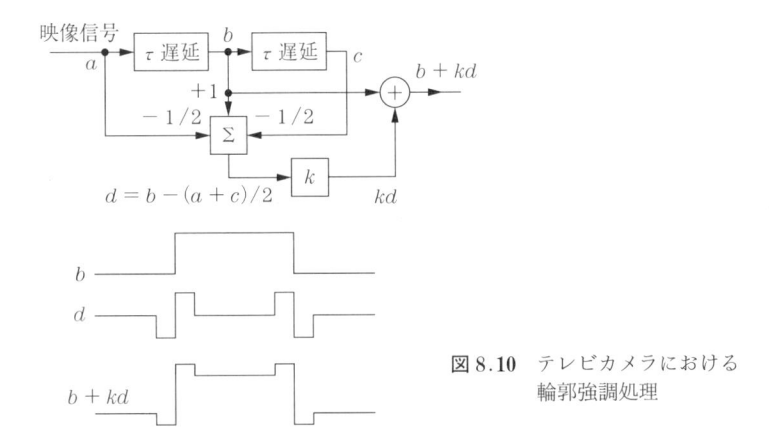

```
映像信号      b
    ──[τ 遅延]──┬──[τ 遅延]── c ──→(+)── b + kd
    a         +1│            │      ↑
              -1/2│         -1/2    │
                 └──[Σ]──────┘      │
                    │               │
                    └──[k]──────────┘
        d = b - (a+c)/2    kd
```

```
b ────┐   ┌────
      └───┘

d      ┐ ┌─┐ ┌
     ──┘ └─┘ └──

b+kd  ─┐ ┌─┐ ┌─
       └─┘ └─┘
```

図 8.10 テレビカメラにおける輪郭強調処理

8.6.3 色補正

カメラに用いる色フィルタの波長に対する透過率特性は NTSC 方式で規定される撮像特性に準じているが，正確には図 3.8 の NTSC 特性にある負の透過率は物理的には実現できずに，これが色の再現誤差を生じる．しかし，カメラから得られるテレビ信号 R, G, B に対して，下記の演算を施すことにより，新たに得られる信号 R', G', B' は色の再現性が改善される．これを**色補正** (color correction) という．

コーヒーブレイク

学会での情報交換

　本書の刊行元は映像情報メディア学会であるが，その他の学会においても，会員になることにより，学会誌における投稿論文，研究会や年次大会における口頭発表論文など，自分の技術を公表できる場が与えられる．また逆に，これらの論文を読んだり聴講したりして，関連情報を入手する機会も与えられる．

　外国の学会に参加すると，技術の情報交換だけでなく，自分のまたは他人の職場に関する情報交換をしている姿も目にする．数年で職場を変わる（変わらなくてもよい人はかなり上級の技術者である）ことが多いので，自分の力がより発揮できるところを真剣に探している人や，よい人材（特に若い技術者）を探している人もいる．

　このように，学会は多面的な情報交換の場として有効である．

$$R' = a_{11}R + a_{12}G + a_{13}B \tag{8.5}$$

$$G' = a_{21}R + a_{22}G + a_{23}B \tag{8.6}$$

$$B' = a_{31}R + a_{32}G + a_{33}B \tag{8.7}$$

ここで，九つの係数 a_{ij} が用いられているが，これは以下のような手順で決定される。まず，波長分布が既知の三つの色を基準として選び，この色をカメラで撮像した際に得られる R, G, B を式 (8.2)〜(8.4) を用いて計算する。一方，NTSC の理想撮像特性を用いて得られる R', G', B' を同様に計算で求める。これらの3種の R, G, B, R', G', B' を式 (8.5)〜(8.7) に代入すると，合計九つの式が得られ，これらを満足する九つの係数 a_{ij} が求まる。R', G', B' は三つの基準色においては色再現誤差が 0 である。三つの基準色として，補正前の色誤差が大きく，かつ色度図上でなるべく離れている色を選べば，一般には残りの任意の色についても誤差が改善される。

9 映像表示システム

 映像システムを構築するに当たり，表示システムは撮像システムと同様の不可欠な存在である．長らく表示システムの主流を占めていた受像管は，今後も重要な位置づけにあるが，一方で，表示システムの平面化，大型化の流れにあって，各種の表示素子が実用化されつつある．

9.1 表示システムの基本機能と種類

 表示システムに用いる表示素子は，表 8.1 に示した撮像素子と逆の機能を有している．**表 9.1** に表示素子の基本機能と実現形態を示す．映像信号である電気信号の強弱に応じて表示光量を変化させる電光変換は，発光素子の光量を直接変化させる場合と，光変調素子を用いてその透過光量を変化させる場合がある．撮像素子においては蓄積機能により感度の向上を図っているが，表示素子においては光量を最大 1 フレーム期間保持することで輝度，コントラストの向

表 9.1　表示素子の基本機能と実現形態

基本機能	実　現　形　態
電光変換	蛍光体，光ダイオードなどの直接発光 光変調素子による透過光量制御
保　持	蛍光体の残像特性 画素単位のアナログメモリ 放電の持続
走　査	電子ビームの偏向 マトリックス回路による画素選択

上を図っている。また，走査により表示面の全画素を順次動作させる。

このように，表示システムには，光電変換機能の実現形態の違いから，発光体の輝度を変化させる自己発光型と，一定輝度の光源より得られる光を変調素子で変調し，透過または反射光量を変化させる光変調型がある。一方で，見え方の違いからは，表示素子を直視する直視型と，スクリーンに投射された表示素子像を見る投射型がある。これらの組合せ例を**表 9.2** に示す。

表 9.2 各種の表示素子

	自己発光型	光変調型
直視型	受像管，プラズマ，有機EL，発光ダイオード	液晶
投射型	受像管	液晶，マイクロミラー

なお，近年では表示システムの設置スペース削減のために，表示素子の**薄型化**（flat panel display）が大きな課題となっている。

9.2 自己発光型表示素子

9.2.1 受 像 管

真空管の内部で，細く収束され輝度で変調された電子ビームで蛍光体を励起させ，発光させるものが**受像管**（picture tube）である[41]。電子ビームの到達位置は受像管の外部に設置された偏向コイルにより制御され，蛍光体上の表示面を走査する。真空管のために寿命があり，またひずみの少ない走査を実現するためにある程度の奥行を必要とする欠点はあるが，表示素子に要求される解像度，輝度，コントラスト，色再現性などの基本的性能に優れているために，テレビジョンの歴史の中で最も広く使われてきた素子である。

図 9.1 に示すように，カラー化に際しては3本の電子ビームを用いる[42]。また表示面においては，画素の単位で3色の蛍光体が塗り分けられている。走査に際して，例えば赤の電子ビームは赤の蛍光体のみを発色させ，緑や青の蛍光体は発色させないようにしないと，混色のために正確な色の表示が行えない。

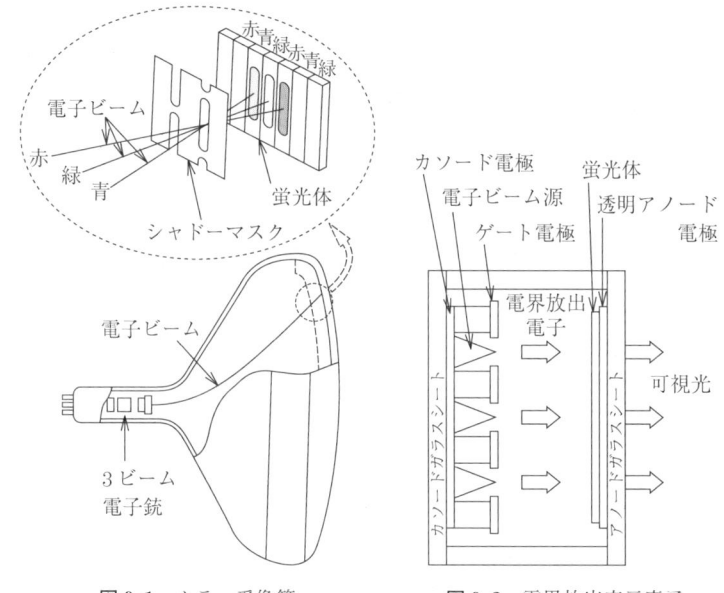

図9.1 カラー受像管

図9.2 電界放出表示素子

　これを実現するものが蛍光体の近傍に設置され，画素単位の穴があいているシャドーマスクである．電子ビームは，シャドーマスクの穴を介して所定の色の蛍光体を発光させる．

　受像管の奥行を短くし，受像管の特徴を備えながら平面化する試みがなされている．**図9.2**のように電子ビーム源（電子銃）を画素の数だけ用意し，個々の電子ビームは偏向による走査を行わず，対向する位置にある蛍光体のみを励起する．受像管全体の走査は，電子ビームを順次，切り替えることで実現する．真空中で固体の表面に強い電場をかけるとトンネル効果により電子が放出される性質を利用していることから，**電界放出**（field emission）**表示素子**とも呼ばれる．

Q 9.1 図9.1に示すように，例えば赤信号用の電子ビームは，シャドーマスクを介すると画面の全領域について（緑色や青色ではなく）赤色の蛍光体に当たるが，このような位置関係はどうやったら実現できるのだろうか．

9.2.2 プラズマ表示素子

プラズマ（plasma）**表示素子**の基本的な発光原理は照明用の蛍光灯と類似している．2枚のガラス板を並行に重ねたすき間の真空部に封入されたXeガスの放電により発生する紫外線で蛍光体を発光させる．**図9.3**に示すように，3色の蛍光体は隔壁により仕切られていて，所定の色の蛍光体のみが発光する[43]．画素間隔で縦横にマトリックス状に配置された電極に順番に電圧を印加することにより，交点における画素の放電を行う．

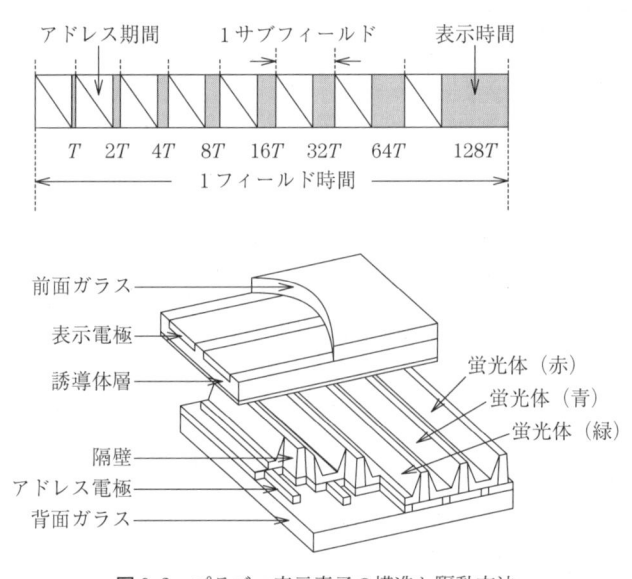

図9.3 プラズマ表示素子の構造と駆動方法

放電時の蛍光体の明るさは一定であるために，明るさの制御は放電時間の長短（発光の回数）により行う．例えば，$2^8=256$階調を表現する場合には，映像の1フィールド（またはフレーム）期間を八つのサブフィールド（またはサブフレーム）に分割し，各サブフィールド期間には画素を選択する一定のアドレス期間と，放電を行う表示期間を設ける．表示期間は各サブフィールドにおいて，時間比率が$1:2:4:8:16:32:64:128$となっており，その表示期間に放電を行うか行わないかが画素ごとに制御される．各サブフィールドの放電

期間を1フィールドで合計した時間が表示階調に相当する。

液晶と比べて視野角依存性がなく，応答速度が速い特徴があり，大型化に適した平面表示素子として広い普及が期待されている。

Q 9.2 一定の明るさであっても，明るい時間の長短で中間調が表現できるのは，視覚のどんな性質に依存しているのだろうか。

9.2.3 発光ダイオード表示素子

半導体による3色の発光ダイオードを平面状に配列し，駆動回路により順次，発光させるのが，**発光ダイオード**（light emitting diode）**表示素子**である。ビルの壁面に設置される大型の平面表示システムなどに用いられる。

9.2.4 有機 EL 表示素子

有機 EL（organic electroluminescence）**表示素子**は，低分子系あるいは高分子系の有機 EL 材料層を電極ではさみ発光ダイオードを形成した平面表示素子である。薄膜トランジスタ群などよりなる駆動回路で，発光ダイオードに順番に電流を注入することにより，画素を発光させる。駆動信号は，駆動回路に含まれる静電容量などでつぎのフィールド（あるいはフレーム）の駆動時まで保持される。カラー化には，赤，緑，青の発光層を画素単位で基板に形成する。携帯電話用など，液晶と類似した小型表示システムへの実用化が期待されていて，液晶と比べて視野角依存性がなく，応答速度が速い特徴がある。製造に印刷技術が活用できる点も着目されている。

9.3 光変調型表示素子

9.3.1 液晶表示素子

液晶には，光の偏波面を回転させる機能がある[44]。**図 9.4** に TN 型液晶を用いた**液晶**（liquid crystal）**表示素子**の構成例を示す[42]。一定輝度の光源より得られる光の中から，偏光素子により特定の偏波面のみを有する光成分を抽出

9. 映像表示システム

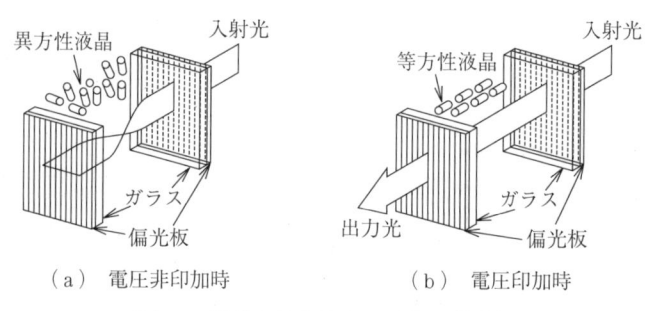

図 9.4 液晶表示素子（TN 型）の構成例

（a）電圧非印加時　　　（b）電圧印加時

する．これを液晶に通過させると，液晶に電圧が印加されていない場合には偏波面が 90° 回転する．また，液晶に電圧が印加されると偏波面は同一面が維持される．これを先の偏光素子と偏波面が同一角度の偏光素子に通過させると，液晶に電圧が印加されない場合は光が阻止され，液晶に電圧が印加される場合は光が透過する．

　映像を表示するためには，薄膜トランジスタ群などよりなる駆動回路で，画素単位に順次，液晶に電圧を印加する．印加電圧は，駆動回路に含まれる静電容量などでつぎのフィールド（あるいはフレーム）の駆動時まで保持され，良好な表示コントラストが実現される．中間調の表現は，印加電圧の大小による偏波面回転角度の変化により行う．カラー化には，画素単位に 3 色のフィルタを付加する．光源として，白色光源の代わりに 3 色の発光ダイオードを用いて，色の再現性を向上させる試みもある．

　図では，液晶を透過型光変調素子として利用している．この他に，腕時計の表示などと同様に，液晶を反射型光変調素子として利用する場合も多い．なお，9.4 節の投射型映像表示の場合にも透過型，反射型の両利用形態がある．

　液晶は，実用化の当初は小型表示素子として発展し，携帯電話用やパソコン用表示装置などに普及してきたが，最近はプラズマ素子に迫る大型化がなされていて，大型平面表示素子としての本命を競っている．低電圧で動作する特徴を有するが，視野角依存性や応答速度などの改善に精力的な取り組みがなされている．

また，特に9.4節に示す投射型表示システムに用いられる場合には，駆動回路の上に液晶を形成する多層型一体構造を採用することにより，開口率（画素内に占める液晶の実効的な面積）を上げて明るい表示画面を得る工夫もなされている。

Q 9.3 液晶テレビとプラズマテレビの画質の違いを実物で見比べてみよう。

9.3.2 マイクロミラー表示素子

マイクロミラー（micro mirror）**表示素子**は，半導体基板上に，画素数に匹敵する数の微小鏡を形成し，かつ，個々の鏡の角度を電圧に応じて独立に，かつ高速（数千回/秒）に $+\theta$，$-\theta$，$+\theta$，$-\theta$ と変化させる機能を有する。**図9.5** に示すように，一定輝度の光源より得られる光が，鏡が $+\theta$ にあるときにはスクリーン上に投影され，$-\theta$ にあるときはスクリーンから外れた位置の吸収板に吸収されるように配置することで，$+\theta$ の状態にある鏡の画素のみが明るくなる。中間調は，$+\theta$ となる回数（時間密度）の大小で表現する。カラー化には色フィルタを付加した3枚の表示素子の像を光学的に合成する方法がとられている。あるいは，1枚の表示素子で赤，緑，青の映像をフィールド（あるいはフレーム）単位で順番に表示し，これと同期して赤，緑，青と変化する回転色フィルタを表示素子に組み合わせる場合もある。映画なみの大型投

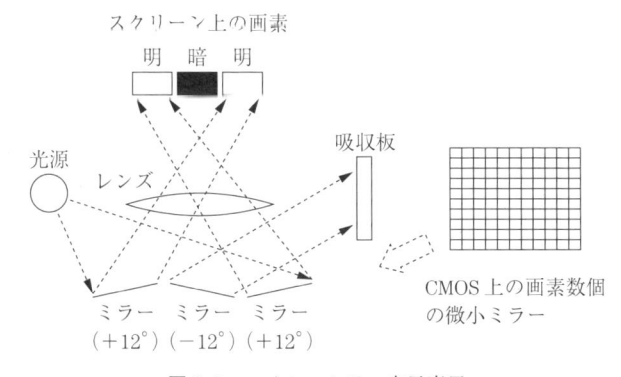

図9.5 マイクロミラー表示素子

射表示にも適している。

9.4 投射型表示システム

　直視型表示システムは，表示素子の大きさで表示領域の大きさが定まる。これより大型の表示領域を実現するために，投射型表示システムがある[45]。これは，表示素子，レンズ，スクリーンの組合せよりなり，表示素子に得られる像をスクリーン上に拡大投影する。この際に，図9.6に示すように，反射型スクリーンに投影する正面投射型と透過型スクリーンに投影する背面投射型とがある[42]。表示素子としては，自己発光型素子，光変調型素子のいずれをも用い得る。

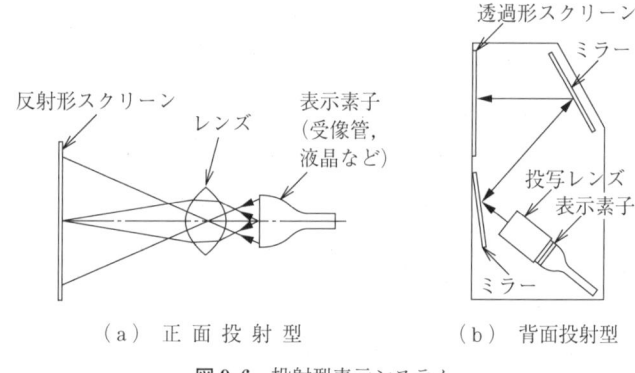

図9.6　投射型表示システム

9.5 マルチ画面表示システム

　これまでは単一の表示素子を用いる例について述べたが，表示素子を図9.7のように複数個，隣接して並べ，さらに大型化を図るマルチ画面表示システムがある。ここでは，映像信号を複数の表示素子に分配する他，個々の表示素子の色調，ひずみなどのばらつきにより，つなぎ目が目立つことのないような処理が工夫されている[45]。

図9.7 マルチ画面表示システム

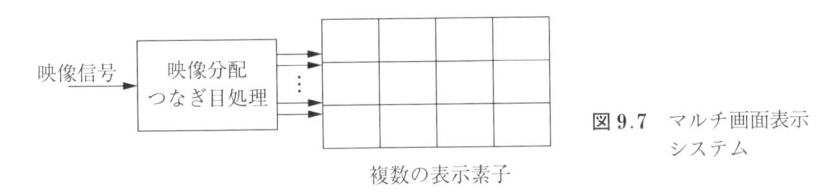

用いられる表示素子としては，マルチ化した場合に表示に寄与しない目地部（各表示素子の境界接続部）を小さくしやすいプラズマ表示素子や，背面投射型システムが多用されている。

9.6　3次元表示システム

自然界の被写体は3次元の情報を有する。そこで，2次元の表示素子を基本にして3次元の映像を表示する3次元表示システムも期待されている。

人間は左右の目を用いて3次元の情報を識別する。図9.8に示すように，左右の目が離れていることから，左右の目は被写体を異なる角度から見ている。また，被写体を見込む角度 ϕ は被写体までの距離によって異なる。このように，左右の目で見る像のわずかの差から人間は距離情報を得ている。

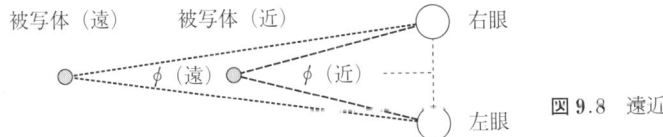

図9.8　遠近の被写体の識別

表示素子で2種類の像を表示し，その像を左右の目で独立に見るシステムとして，左右で色や偏光が異なる眼鏡を使用する2眼式システムが古くから知られている。しかし，長時間にわたって眼鏡を使用する場合には疲労感もあるために，眼鏡を使用しない代表的な実用例として，図9.9のようなかまぼこ型レンズを用いた3次元表示素子がある。

ここでは，画面の垂直方向に伸びたかまぼこ型レンズを水平方向に多数配置した**レンチキュラ板**（lenticular sheet）を用いる。表示素子としては，画素

9. 映像表示システム

図9.9 3次元表示素子

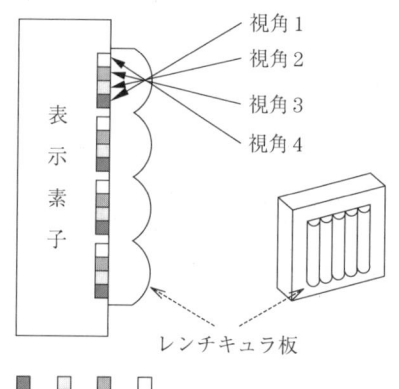

像1 像2 像3 像4

が明確に定義された，例えば液晶表示素子を用い，図の例では，表示素子の4画素に一つのかまぼこ型レンズが配置されている。右眼が視角1から，左眼が視角3から見た場合には，右眼は像1を，左眼は像3を得る。像1と像3に被写体を異なる角度から見た映像を表示すれば，3次元映像として認識できる。

一方で，人間は映像を見ながら顔を動かし，表示素子を見込む角度がわずかに変化する場合もある。もし，角度がわずかに右に傾いた場合は，右眼が視角2から，左眼が視角4から見ることになり，右眼は像2を，左眼は像4を得る。もちろん，同じ右眼が見る映像でも，像2は像1より被写体をわずかに左

コーヒーブレイク

技術者と資格

弁護士や医師のように，資格をもつ人のみがその分野での活動を認められる場合がある。一方，エレクトロニクスの分野では，例えば，博士，技術士，情報処理技術者など，国や権威ある機関が認証する資格が種々あるが，残念ながらこのような資格がないと絶対に仕事ができないというわけではない。仕事の基本は資格ではなく実力である。しかし，高度な資格を目指すことには意義があると思われる。学校などでエレクトロニクスの基礎を学んでも，世の中の技術の進歩は激しく，せっかく学んだ知識もやがては陳腐になる。第一線にある技術者はつねに学び続けなければならない宿命をもつ。この際に，なにか目標をもちながら学ぶことが励みになる。資格取得は目標の一つにならないだろうか。

側から見た像になっている．図の例では，顔の動きに関して2種類の像が用意されているが，この種類 N を増やせば，顔を動かすにつれて連続的に被写体を異なる角度から見ることができ，自然感は向上する．ただし，像の実効的な画素数は，表示素子の本来の画素数の $1/2N$ となる．

10 映像記録システム

映像を電子的に記録する手段（VTR）が生まれたことにより，映像の長期保存が容易になった。それまであったテレビジョンを映画フィルムに再撮像して保存する手法に比べて，画質は向上し，現像が不要で即時再生も可能になった。さらに，記録システムを用いることで，編集という新たな概念が生じ，多様な映像コンテンツ制作が可能になった。映像記録の手段としては，各種の記録媒体が採用され，それぞれの特徴を生かした位置づけを有しながら進展を続けている。

10.1 アナログ記録からディジタル記録へ

オーディオ記録がレコードからCDに置き換わったように，映像の世界でもVHSテープを中心としたアナログ記録から，DVテープやDVDを中心としたディジタル記録の比重が増えつつある[46]。ディジタル記録の概念を図10.1に示す。

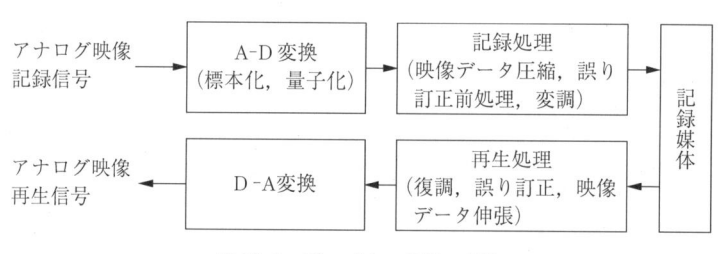

図10.1 ディジタル記録の概念

10.1 アナログ記録からディジタル記録へ

アナログの映像信号は標本化，量子化などのA-D（アナログ・ディジタル）変換を経て，記録のための処理が施される。これには，ディジタル映像データの有する膨大な情報量を圧縮する機能，記録再生の過程で発生する符号誤りを訂正するために必要な冗長データを圧縮データに付加する機能，記録データを記録媒体に記録しやすい形態の記録信号に変換する変調機能などが含まれる。記録媒体から再生された信号は再生のための処理を施される。これには，再生信号を再生データに復元する復調機能，再生データ内に含まれる符号誤りを訂正する機能，訂正後のディジタル映像データをD-A（ディジタル・アナログ）変換し，アナログ映像信号に戻す機能などが含まれる。

このようなディジタル記録の特徴をアナログ記録と対比しながら整理してみると，表10.1のようになる。アナログ記録は記録媒体から生じるひずみや雑音の影響を受けるが，ディジタル記録は記録前に信号に付加する誤り訂正符号の機能によって記録媒体から生じるひずみや雑音の影響を受けにくい。ディジタル記録においてひずみや雑音が加わるとすれば，A-D変換前あるいはD-A変換後のアナログ処理部においてしかないが，アナログ処理部のひずみや雑音は記録媒体で生じるひずみや雑音に比べれば無視できるほど小さい。

表10.1　アナログ記録とディジタル記録

	アナログ記録	ディジタル記録
記録される信号	原アナログ信号	原アナログ信号を標本化，量子化したディジタル信号
再生信号中のひずみ	記録媒体で発生するひずみの影響を受ける	記録媒体で発生するひずみの影響を受けない
再生信号中の雑音	記録媒体で発生する雑音の影響を受ける	記録媒体で発生する雑音の影響を受けない
記録・再生の繰返し	ひずみ，雑音が累積する	ひずみ，雑音が累積しない

ディジタル記録の効果が顕著に生じるのは，記録・再生を何度も繰り返す，いわゆるダビングの場合である。アナログ記録ではダビング回数とともに劣化が累積するが，ディジタル記録では累積がほぼ生じない。

10.2 磁気テープ記録

ビデオテープレコーダ（VTR）は，長らく映像記録の主流の座を占めてきた．その基本概念と，2種の代表的な記録方式について述べる．

10.2.1 回 転 ヘ ッ ド

磁気テープ記録においても，また後述のディスク記録においても共通であるが，記録媒体を移動させながら媒体上の未記録部に記録を行っていく．もし，周波数 f，時間 t で変化する $\sin 2\pi ft$ といった正弦波信号を記録しようとすると，記録媒体の上では場所 x で変化する $\sin 2\pi f_x x$ として記録することになる．ここで，$1/f_x$ を記録波長 λ_x と呼ぶ．磁気テープ記録の場合に，テープの移動速度を v とすると

$$v = f\lambda_x \tag{10.1}$$

の関係がある．

一般に，映像信号は音声信号より 2～3 けた程度多い情報を有している．したがって，映像信号の f は音声信号より 2～3 けた大きいといえる．一方で，記録波長 λ_x は磁気テープや磁気ヘッドの物理的定数で限界が定まり，余り小さくはならない．したがって，式 (10.1) を満たすためには，VTR においては速度 v を大きくせざるを得ない．しかし，オーディオテープレコーダのように，固定された磁気ヘッドに接触しながら磁気テープが移動する構造では，テープの移動速度を安定な状態で 2～3 けたも大きくすることは困難である．

ここで発案されたのが**回転ヘッド**（rotary head）の概念である．**図 10.2** に VHS の場合の磁気テープと磁気ヘッドの構造を示す[47]．テープは，直径 D（$=6.2\,\mathrm{cm}$）の円筒状のシリンダに斜めに 180° 巻き付きながら速度 v_T（$=3.3\,\mathrm{cm/s}$）で移動する．シリンダの上半分の表面に，2 個の磁気ヘッドが 180° 対向して配置されている．上シリンダは回転数 n（$=30\,\mathrm{rps}$）で回転しているために，ヘッドの回転速度 v は

図10.2 VHSにおける回転ヘッド

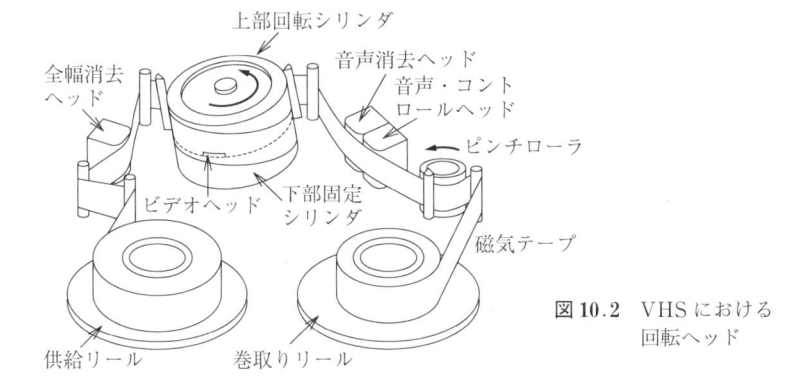

$$v = \pi D n \tag{10.2}$$

となる。上記の数値を代入すると $v=5.8\,\mathrm{m/s}$ であり，これはテープ速度 v_T よりはるかに大きいので，磁気ヘッドと磁気テープはほぼ相対速度 $5.8\,\mathrm{m/s}$ で移動しているものと見なせる。ちなみに，オーディオカセットテープレコーダのテープ速度は $4.8\,\mathrm{cm/s}$ であり，VTRではこれより100倍以上の速度が達成されている。

10.2.2 ヘリカル走査

オーディオテープレコーダの場合には，テープの移動方向（すなわち，テープの長手方向）と平行に記録跡（記録トラック）が形成されるが，図10.2のような記録を行った場合のテープ上の記録跡は，図10.3のようにビデオの記

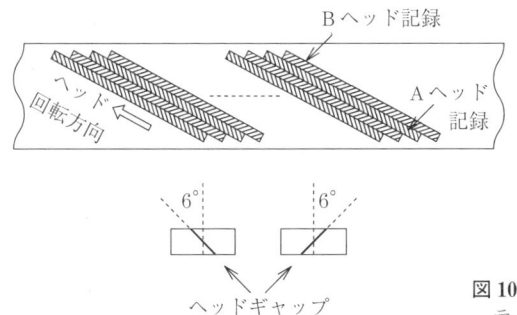

図10.3 ヘリカル走査によるテープ上のヘッド軌跡

録トラックはテープに対して斜めとなる．これを**ヘリカル走査**（helical scanning）と呼び，テープを線（1次元）ではなく面（2次元）として活用したことに相当する．

VHSの例では，1本のトラックが1フィールドの映像信号に対応している．また，各トラックはすき間（ガードバンド）なく隣接していて，無駄のない高密度記録が図られている．磁気ヘッドがテープ上のヘッドの進行方向に対してわずかに傾いていて，かつ二つの磁気ヘッドでその傾斜角が逆（VHSの例では±6°）になっていることが**アジマス効果**（azimuth effect）と呼ばれる現象を生じさせ，隣接したトラック間の信号の混入を防いでいる．

Q 10.1 ヘリカル走査においては，テープ走行に対して斜め方向に記録されたトラックの上を，再生時には磁気ヘッドが正確にトレースしなければならない．このために，テープ走行方向の別トラックに一定間隔でコントロールパルスを記録しているが，このパルスを活用して，どのようにすれば正確なトレースができるだろうか．

10.2.3 VHS 方 式

VHS方式（VHS system）は，1970年代末に登場し，現在でも広く普及している民生用アナログVTRであり，映像信号を周波数変調（FM）して1/2インチ幅の酸化物テープに記録している[47]．

NTSC信号は3.58 MHzといった高い周波数の色副搬送波を用い，その振幅と位相が色情報を担っている．VHSでは色副搬送波を629 kHzの低い周波数に変換して記録し，再生後に3.58 MHzに復元する．この復元過程で，テープからの時間軸変動（ジッタ）の影響を除去した安定な位相を再生している．

併せて，629 kHzといった低い周波数に対しては上述のアジマス効果が不十分で，色副搬送波成分が隣接トラックからの混入（crosstalk，**クロストーク**）の影響を受けやすい．これを解決するために，色副搬送波の位相を走査線ごとに＋90°ずつ回転させ，かつ隣接トラックでは逆方向に－90°ずつ回転

させて記録し，再生後に位相を復元して隣接走査線間で平均化する**図10.4**のような**フェーズシフト**（phase shift）**処理**を行っている。平均化により，クロストーク成分は相殺されほぼ0となる。

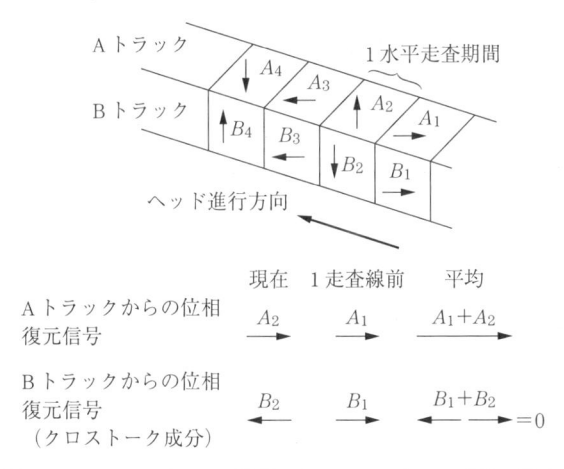

```
        Aトラック      ↓A₄  ←A₃   1水平走査期間
        Bトラック            ↑A₂  →A₁
                   ↑B₄  →B₃
                          ↓B₂
                              →B₁
              ←ヘッド進行方向
```

	現在	1走査線前	平均
Aトラックからの位相復元信号	$A_2 \rightarrow$	$A_1 \rightarrow$	$A_1+A_2 \rightarrow$
Bトラックからの位相復元信号（クロストーク成分）	$B_2 \leftarrow$	$B_1 \rightarrow$	$B_1+B_2 \rightarrow\!=\!0$

図10.4 フェーズシフト処理によるクロストーク成分の除去

10.2.4　DV　方　式

DV方式は1990年代前半に登場し，普及し続けている民生用VTR一体型ビデオカメラに採用されているディジタルVTR方式であり，1/4インチ幅の金属蒸着（ME）テープを採用している[48]。前述した回転ヘッド，ガードバンドなしのヘリカル走査などの磁気テープ記録の基本概念は踏襲しているが，映像信号は図10.1に示したような処理によりディジタル信号の形態で記録されている。

DV方式における映像圧縮の概要を**表10.2**に示す。SDTVは，DV圧縮と呼ばれるフレーム内符号化を採用し，25Mbpsのデータに圧縮される。フレーム内符号化により，スローモーション再生など記録時と異なる速度での再生が容易になる。

HDTVについては，当初はデータを25Mbpsのトラック二つに分けて，合計50Mbpsで記録する方式が採用されたが，その後，圧縮率の高いMPEG2

表 10.2　DV 方式における映像圧縮の概要

	SDTV	HDTV
輝度信号画素数	720×480	1 440×1 080
色差信号画素数	180×480	720×1 080（線順次）
輝度信号標本化周波数	13.5 MHz	55.7 MHz
色差信号標本化周波数	3.375 MHz	27.85 MHz
圧縮前のデータレート (8 ビット量子化)	162 Mbps	668.4 Mbps
圧縮後のデータレート	25 Mbps（DV 圧縮）	25 Mbps（MPEG2 圧縮）

〔注〕 HDTV に関しては，走査線 720 本の映像を 19 Mbps に圧縮する別パラメータもある

を用いて HDTV についても SDTV と同じく 25 Mbps のデータに圧縮記録する方式が実用化された．

さらに，記録データ 24 ビットを一つのブロックと見立てて，これを新たな 25 ビットに変換する．この際に付加ビットの極性を制御することで，記録データ以外に特定周波数のパイロット信号成分が新たに発生する．ここで，記録トラックごとに付加ビット極性制御を変化させて異なる周波数を発生させ，周波数 f_1 のパイロット信号を付加する記録トラック F 1，周波数 f_2 のパイロット信号を付加する記録トラック F 2，いずれの周波数も付加しない記録トラック F0，の 3 種類を形成する．テープ上のトラック配列順序を，図 10.5 のよう

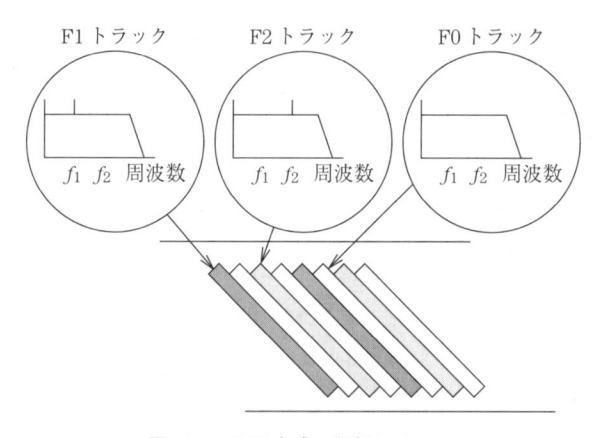

図 10.5　DV 方式の記録トラック

にF0，F1，F0，F2，F0，F1，F0，F2とすることで，再生時に磁気ヘッドの位置が判別できて正しいトラックをトレースできる．

25ビットに変換後の記録データは，スクランブルドNRZIにより低周波成分を抑圧された記録信号となる．誤り訂正は，内符号が(85, 77)，外符号が(149, 138)のリード・ソロモン符号を用いている．

DVの信号フォーマットは，1/4インチ金属塗布テープを用い，かつトラック幅を民生用より広げ安定化したテープフォーマットに変更することで，放送用VTR一体型カメラにも採用されている．

10.3 光ディスク記録

磁気テープに代わる記録媒体としての光ディスクには，直径30 cmの光ディスクに映像信号を周波数変調してアナログ記録する方式が用いられた時代があった．しかし，1990年代後半に直径12 cmのディジタル光ディスクである**DVD**（digital versatile disc）が登場し，光ディスク記録が本格的に普及し始めた[49]．

DVDには，ROM（再生専用），R（1回のみの記録），RW（シーケンシャルに書換可能な記録），RAM（ランダムに書換可能な記録）の物理的構造があり，用途に応じて使い分けられている．また，記録される内容によって，ビデオ，オーディオの応用フォーマットがある．

普及が進んでいるDVDの記録再生には赤色レーザが使用される．ディスク記録容量としては，第一世代のRAMは2.6 GBから始まったが，現状は同レーザ使用のすべてのDVDは第二世代の4.7 GB化されている．これにより，映像記録としてはSDTVの実用的な記録再生が可能になった．

さらに，新たに青色レーザ使用の高密度ディスクが登場した．Blu-ray Disc（23.3 GB，25 GB，27 GB），HD DVD（15 GB，20 GB）により記録容量も向上し，記録再生の対象がHDTVに広がりつつある．なお，次世代高密度ディスクのいっそうの発展のために，これら提案のディスク規格の統一も考えられ

ている。

赤色レーザを使用するDVDにおける基本的な記録方式を**表10.3**に示す。変調方式としては，8ビットの符号を16ビットに変換して記録する8-16変換符号を採用している。これにより，0または1が連続するランレングスの最小値を2，最大値を10に抑え，変換による高周波成分の発生を抑えながら直流成分を抑圧している。また，誤り訂正符号としてリード・ソロモン積符号を用い，符号誤りを抑圧している。

表10.3 DVDの基本的な記録方式

レーザ波長	650 nm
レンズ開口（NA）	0.6
変調方式	8-16変換（2≦ランレングス≦10）
誤り訂正	リード・ソロモン積符号（内符号 (182, 172)，外符号 (208, 192)）

映像用のDVDは，再生専用ディスクが大幅に浸透しているが，再生専用ディスクの他に，最近は民生用の据置型映像記録再生機が急速に普及し始めている。それらの映像記録方式を**表10.4**に示す。

表10.4 ビデオ関連の映像記録方式

	DVDビデオ	DVDビデオレコーディング
対象	非リアルタイムのオーサリング機器によりROMなどへ記録	リアルタイムでRAM，RW，Rなどへ記録
映像圧縮方式	MPEG2	MPEG2
映像ビットレート	9.8 Mbps以下	7.8 Mbps以下

また，放送用，民生用の録画機能一体型カメラにおいて，テープに代わってDVDが記録媒体として使用される実用例が出てきた。民生用カメラでは，小型化のために直径8 cmの赤色レーザディスクが使用されており，放送用では直径12 cmの青色レーザディスクが使用されている。記録後のDVDをカメラから取り出して編集機に挿入すれば，短時間で編集が可能である特徴が評価されている。

10.4　ハードディスク記録

　ハードディスクは，巨大需要を有するパソコンの記憶装置として，磁気記録の高密度化技術をけん引してきた。その記録密度の推移を**図 10.6** に示す[50]。半導体分野でいわれるムーアの法則（3 年で 4 倍）を超える進展を示している。

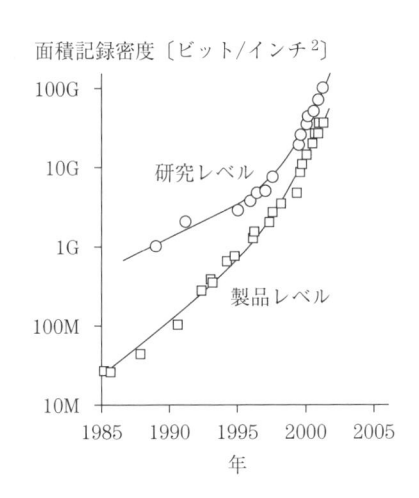

図 10.6　ハードディスクの記録密度推移

　この波及効果として，主として放送用に用いられるビデオサーバや編集機においては，磁気テープに代わりハードディスクが記録媒体の主流となっている[51]。ここでは，10.6 節で後述する特徴が評価されている。テープにおいては，テープの長手方向（走行方向）に添って記録再生されるためにリニア記録とも呼ばれるが，これに比してハードディスクではランダムなアドレスの記録再生が可能なために，ノンリニア記録とも呼ばれている。

　ハードディスク内蔵の民生用据置型映像記録再生機も普及し始めている。ハードディスクと磁気テープ，DVD を組み合わせた装置が多い。すなわち，比較的短期間の保存にはハードディスク，長期間の保存には磁気テープあるいは DVD，との使い分けが一つの装置内でなされている。

また，放送用，民生用の録画機能一体型カメラにおいても，磁気テープに代わってハードディスクを記録媒体として用いる実用例が出てきた。DVDカメラと同様に，編集の容易性が評価されている。

10.5　半導体メモリ記録

フラッシュメモリの大容量化に伴い，映像信号用の記録媒体として，半導体メモリが使用できるようになってきた。テープやディスクに比べて機械的な可動部がなく，寿命や信頼性が飛躍的に向上する特徴がある。

すでに，ビデオサーバ用のメモリとして，ハードディスクに代わってフラッシュメモリを使用する実用例がある。また，信頼性が問われる放送用の録画機能一体型カメラにおいても，数GBのフラッシュメモリカード複数枚を記録媒体として使用する実用例が現われてきている。振動の多い車載用映像記録再生装置としての実用化も期待されている。

半導体メモリは理想の記録媒体ともいえるが，課題は他の媒体と比べた場合の価格（ビット当りの単価）などの改善にある。

〈記録密度に関する参考データ〉

　記録媒体を選択する立場の人にとって，手元の記録媒体にどのくらいの時間の映像を記録できるのか，あるいは，ある時間の映像を記録するために必要な記録媒体はどのくらいの大きさになるのかは重要な情報である。記録媒体の性能は日進月歩であるため，本書執筆時点でのデータを参考までに**表10.5**に示す。ここでは，映像記録を想定して類似の記録容量の製品を例にとってある。記録媒体単体の記録密度ではなく，ユーザが実質的に使用する観点から，媒体と分離不可能な場合には容器や駆動装置も含めて記録密度を算出している。なお，これらの規格が定められた時期は同じではなく，同一時期での技術比較にはなっていない面に不公平さは残るが，「いま，ユーザが使えるもの」との立場で比較してある。

表10.5 製品例に見る記録媒体の性能

種類	名称	実効記録容量 [GB]*1	大きさ [mm]*2	記録密度 [GB/cm³]
磁気テープ	DVCカセット（小）	12*3	56×49×12.2	0.36
光ディスク	DVD-RW	4.7	120(直径)×1.2	0.35
ハードディスク（リムーバブル型）	マイクロドライブ	4	42.8×36.4×5	0.51
	iVDRミニ	20	80×67×10	0.37
半導体	コンパクトフラッシュカード（タイプ2）	4	42.8×36.4×5	0.51

*1 ユーザが映像，音声記録のために実質的に使用できる記録容量．
*2 記録媒体と分離不可能な容器や駆動部を含む．
*3 「25 Mbpsの映像と48 kHz標本化，16ビット量子化のステレオ音声を1時間記録」より算出．

Q 10.2 記録媒体の選択に当たっては価格も重要である．磁気テープ，DVD，ハードディスク，半導体フラッシュメモリに，同じビットレートのディジタル映像信号を同じ時間だけ記録する場合を想定し，必要な記録媒体の市場価格（ビット当りの単価に相当）を調べ比較してみよう．

10.6 ランダムアクセス性，高速性と新しい記録機能

光ディスク，ハードディスク，半導体は記録媒体上の任意の位置にランダムにアクセスして記録，再生ができる．また，実時間以上の高速で記録，再生ができる．これらにより，テープ記録にはない以下のような新たな機能が生じる．

10.6.1 ランダムアクセス性

(1) 可変ビットレートの記録　テープ記録の場合は，機械的な課題からテープの送り速度は一定であり，可変にすることは困難である．この結果，記録のビットレートは一定にせざるを得ない．一方，ディスク記録においては，ディスクの回転速度は一定であってもランダムアクセス性があることから，記録ビットレートは可変でも構わない．したがって，高効率の映像データ圧縮記

録が可能になる。

（2） 再生時に早送り・巻戻しが不要　記録終了後に，テープにおける早送り・巻戻しに相当する動作を行わなくても，瞬時に任意の箇所から再生できる。

（3） ループ記録　図 10.7 のように，記録媒体上で指定された時間 T だけ記録したら，最初の記録媒体位置に戻り巡回的に重ね書き記録を継続する。これにより，つねに過去の T 時間分の記録が媒体上に残っている。したがって，ある時刻 t_0 から通常の記録方法で記録を始めると，あたかも，その T 時間前から通常の記録を行った場合と同様の記録データが得られる。例えば，いつ発生するかわからない事象を記録しようとする場合に，事象の発生を検知し

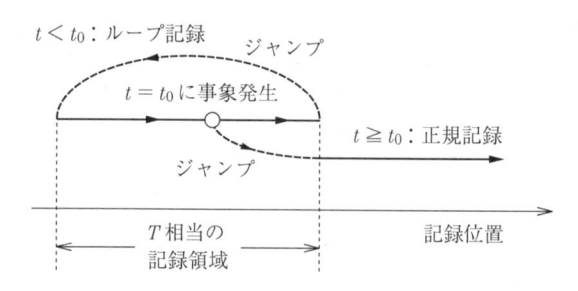

図 10.7　ループ記録における記録時刻と記録位置

コーヒーブレイク

起業（アントレプレナー）と国の活力

　国の経済成長と，その年にその国に生まれる新しい企業の数には相関関係があるとの見方がある。新しい企業の誕生数は，間違いなくその国の活力のバロメータであるが，わが国は，その面では他国に劣るとのデータもある。新しい企業や事業を生み出す背景には，他人の真似をせずに，新しいやり方，他人とはなにか違うやり方を尊ぶ社会構造や文化があろう。しかし，単なる無鉄砲から新しいものが生まれるわけではない。なにが既存のやり方なのか，なにが既存のやり方の長所や短所であるのかを知っているから，なにが新しいやり方であるかを理解できる。新しいことを始める際のリスクを受け止める勇気も重要であるが，その背景には周到で綿密な状況分析がある。起業にかぎらず，技術者にはつねに新しさへの挑戦が求められている。

てから記録を始めても，実質は事象発生の T 時間前からの記録を行ったことと等価であり，ニュース取材などに有効な手法となる．

（4）**簡易編集**　（2）の特徴から，編集点を短時間に検索できる．また，図 10.8 のように，記録映像のシーンごとの再生開始点，終了点のみを決めれば，記録媒体上でデータを移動させなくても，任意の再生開始点，終了点を有する編集を行ったのと同様の再生ができる．テープの場合には，編集の際に，このデータの移動に膨大な時間を要していた．

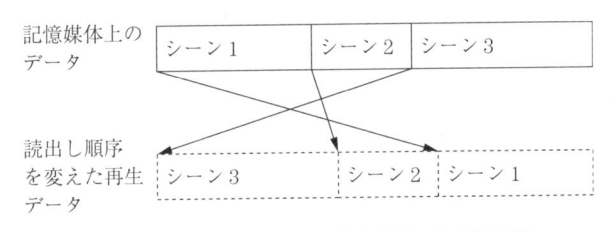

図 10.8　ランダムアクセス性を利用した簡易編集

10.6.2　高速性

（1）**高速ダビング**　実時間より短時間でダビングができる．

（2）**複数映像信号の同時記録，または再生**　例えば，放送中の全チャネルを同時に記録することも可能である．また，複数チャネルの信号を同時に再生することもできる．

（3）**同時記録再生**　すでに記録されている映像信号を再生しながら，同時に別の映像信号を記録できる．あるいは，映像信号のすでに記録されている前半部を再生しながら，同時に新たに発生しているその映像信号の後半部を記録できる．

11 放送システムへの応用

テレビジョン技術は，当初は放送システムを対象にして発展してきた。応用範囲を広げてきた今日においても，放送が主要な映像システムであることには変わりはない。放送方式の発展の経緯と今後の動向を知ることは，映像システムの理解にとって重要である。

11.1 テレビジョン放送方式

11.1.1 地上波放送と衛星放送

表11.1に示すように，現行のテレビジョン放送方式は，伝送媒体として地上波，衛星，CATVがあり，映像の種類としてアナログ，ディジタルがある[52]。

地上波ではVHF帯とUHF帯の電波が使用されているが，ディジタル化に伴い，順次，UHFへの移行が進められる。一方，通信衛星では4/6GHz，放送衛星では12/14GHz（おのおの，「衛星から地球へ/地球から衛星へ」の周波数に対応）の電波が使用されている。

Q 11.1　地上波の放送は，ある範囲の地域にしか電波が届かないが，衛星放送は日本全体に電波が届く。このことは放送業者や視聴者にどんな影響（利害得失）を与えるだろうか。

11.1.2 放送用映像フォーマット

放送用の映像フォーマットの中で，水平，垂直，時間方向の解像度は表11.2に示すようになる。

11.1 テレビジョン放送方式

表11.1 日本における現行のテレビジョン放送方式

	アナログ		ディジタル
地上波	4.2 MHz 映像を残留側帯波振幅変調	映像	MPEG2：固定受信 16.8 Mbps (HDTV：16.8 Mbps, SDTV：5.6 Mbps) H.264：移動受信 280〜312 kbps
		変調	(QPSK〜64QAM)化 OFDM, 搬送波数 $N=1\,405$ (移動用), 2 809, 5 617 (固定用) 最大伝送容量 23.2 Mbps
		誤り訂正	内符号：畳込み符号 (1/2〜7/8)* 外符号：リード・ソロモン符号 (204, 188)
衛星	4.2 MHz 映像を周波数変調	映像	MPEG2：SDTV 1.5〜15 Mbps HDTV 12〜24 Mbps
		変調	単一搬送波で QPSK 他 最大伝送容量 52 Mbps(BS), 34 Mbps(CS)
		誤り訂正	内符号：畳込み符号 (1/2 〜7/8)* 外符号：リード・ソロモン符号 (204, 188)
CATV	4.2 MHz 映像を残留側帯波振幅変調	映像	MPEG2
		変調	単一搬送波で 64QAM 最大伝送容量 29.2 Mbps
		誤り訂正	リード・ソロモン符号 (204, 188)

* 7.3.1項においては，畳込み符号については説明を省略してあるので，巻末の文献38) などを参照して欲しい．表中の1/2, 7/8 などは (m, n) 符号における n/m を示す．

表11.2 放送用映像フォーマット（解像度）

		アナログ	ディジタル
SDTV	水平方向	334 本（垂直方向に換算しなければ 446 本相当）	720 画素
	垂直方向	338 本	483 画素
	時間方向	30/1.001(=29.97) フレーム/秒	
HDTV	水平方向	該当なし	1 920 画素
	垂直方向		1 080 画素
	時間方向		29.97 フレーム/秒

　アナログの場合には，3.3節に SDTV の垂直解像度および水平解像度の算出例が示されている．垂直方向については走査線が画素を定める基本単位になっていて，これより垂直解像度が求まる．一方，水平方向については，信号は

時間的に連続であり画素に相当する明確な単位はなく，水平解像度を決めるのは映像信号の伝送帯域である．

なお，HDTVについては，アナログ放送の該当例はないために，表11.2のアナログフォーマットからは割愛してある．

一方，ディジタルの場合には，表11.2のように画素数が最初から定義されている．

時間方向の解像度（毎秒フレーム数）は，アナログにおいてはNTSC方式における周波数インタリーブへの配慮から複雑な数値となっているが，ディジタルにおいてもNTSC方式との共通性を重視し，同一の数値を採用している．

11.2 テレビジョン放送システムの変遷

日本におけるテレビ放送の変遷を図11.1に示す．

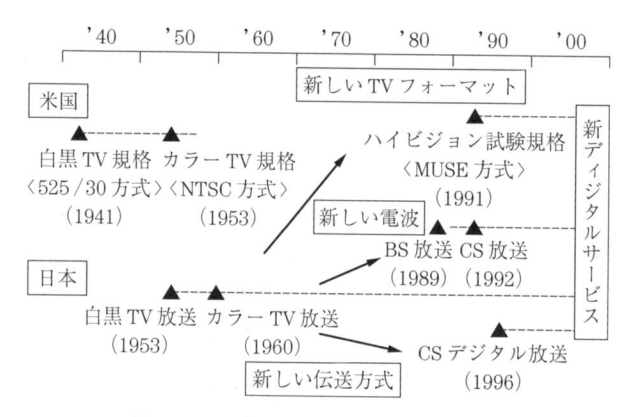

図11.1 日本におけるテレビ放送の変遷

日本の放送の原型である白黒およびカラーの方式は米国において規格化されたが，10年前後を経て日本において放送が開始されている．アナログ地上波によるNTSCカラー放送開始から約30年を経て，新しい三つの動きが生じた．第一は高精細化された新しい映像フォーマットの誕生であり，HDTV（ハイビジョン）が該当する．第二は新しい電波の使用であり，BS（放送衛

星),CS(通信衛星)による衛星放送が該当する。第三は新しい伝送方式であり、デジタル放送が該当する。これらを融合した新しいデジタルサービスが2000年代から開始されるようになった。

11.3 デジタル放送

日本におけるデジタル放送の導入経過を図11.2に示す。

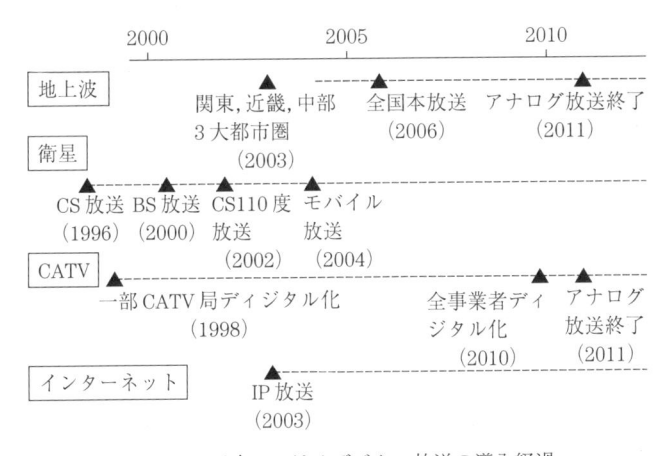

```
                2000            2005            2010
    地上波 ─────────▲──────────────▲──────────────▲─────
                関東,近畿,中部   全国本放送    アナログ放送終了
                3大都市圏       (2006)        (2011)
                (2003)
    衛星   ──▲──────▲──────▲──────▲──────────────────────
          CS放送 BS放送 CS110度 モバイル
          (1996) (2000)  放送    放送
                        (2002)  (2004)
    CATV  ─────▲─────────────────────▲──────▲─────
            一部CATV局ディジタル化   全事業者ディ アナログ
            (1998)                 ジタル化    放送終了
                                   (2010)     (2011)
    インターネット ──────▲────────────────────────
                    IP放送
                    (2003)
```

図11.2 日本におけるデジタル放送の導入経過

デジタル放送[53]は、CS,BSなどの衛星放送から導入された。これらは家庭に設置された固定受信端末を対象としていたが、2004年導入のモバイル放送は移動する端末を対象にした専用の衛星放送である。

地上波放送は、2003年末の3大都市圏におけるサービス開始を皮切りに、順次、全国に展開され、2011年には60年近く続いたアナログ放送に終止符を打つ予定である。欧米における地上波放送のディジタル化も、年代的にはこれらと前後しながら、同様の導入推移をたどると言われている。

これらのデジタル放送の方式パラメータに関しては表11.1に併せて示してある[54]。6章に述べた映像圧縮、7章に述べたディジタル変調、誤り訂正符号などディジタル伝送の基本技術が骨格をなしている。衛星放送に関しては、日

11. 放送システムへの応用

欧米において類似の圧縮（MPEG2），変調（単一搬送波の QPSK ほか）方式を採用しているが，地上波放送の変調方式に関しては，日欧が類似の OFDM 方式を採用し，米はこれらとは異なる 8VSB-AM（単一搬送波による8値の残留側帯波振幅変調）方式を採用している。特に，日本においては，OFDM の数千本の搬送波群を 13 のセグメントに分割し，その中の 12 セグメントを固定受信に，1 セグメントを移動体受信に割り当てている。移動体向けの地上波デジタル放送は，固定受信用の MPEG2 よりは圧縮効率の高い H.264 を圧縮方式として採用し，2006 年にはサービス開始が予定されている。

これら衛星，地上波のデジタル放送に対応して，ケーブル TV もディジタル化が進む[55]。光や同軸ケーブルでは伝送特性が良好なために，多値数の大きい 64QAM が採用され，デジタル放送の再送信も可能になっている。

また，電話網の ADSL 化や光ファイバ網の普及など，インターネットのブロードバンド化に対応して，インターネットを媒体とした放送サービスも開始されている。

デジタル放送に期待されている新しいサービス[56]を**表11.3**に示す。最も効果が確実視されているものは，高品質な映像，音声サービスである。さらに，従来のアナログ放送には存在しなかったサービスの代表例として，番組のマルチ編成がある。一つの電波で提供できる情報量を，HDTV の1 チャネルに割

表11.3　デジタル放送における新しいサービス

サービス項目	備　考
ハイビジョン（高画質，ワイド画面）	地上波，BS の共通サービス（なお，BS 放送では HDTV×2 ch も可）
5.1 ch サラウンド音声	
データ放送（ニュース，気象情報）	
双方向（クイズ，リクエスト）	
マルチ編成（HDTV×1 ch，SDTV×(2〜3 ch)）	
電子番組ガイド（EPG）	
字幕放送	
地域放送局からのハイビジョン，データ放送	地上波で新たに導入されるサービス（ただし，モバイル衛星放送では移動体受信可）
移動受信（車，携帯電話）	

り当てたり，SDTV の 2〜3 チャネルに割り当てたり，サービス時間帯によって割り当て内容を柔軟に変化させるものである。また，移動体向けに，低ビットレートのチャネルを有しているのは，従来のアナログ放送では元より欧米のデジタル放送にもない特徴といえる。移動体として携帯電話の使用も考えられており，放送への新しい需要を喚起する可能性が期待されている。

一方，ディジタル化によって，画質劣化のないコピーが可能になることから，12.3.2 項，12.3.3 項に詳しく述べるように，映像コンテンツの著作権を保護するための暗号化，課金，コピー回数の制限，電子透かしなどによる著作者の明示などが新たな課題となっている。

Q 11.2 携帯電話がテレビ受信に使われるようになると，テレビの使われ方，テレビ番組の内容にどんな変化が生じるだろうか。

11.4　将来の放送形態例

これまでの放送は，放送局から番組が送られて来る時刻と同一時刻に受信機で見ることが前提となっていた。しかし，VTR をはじめとした民生用映像記録装置の進展により，放送を受信した後に番組を見る場合も多くなっている。これをさらに発展させたものがサーバ型放送[57]である。ここでは，視聴者の家庭に 12.4.1 項に述べる大規模な映像記録装置（ホームサーバ）があること

コーヒーブレイク

夢をかなえる

昔の人は鳥を見て飛行機を考え，魚を見て潜水艦を考えたといわれる。television の tele は telescope（望遠鏡）の tele と同じ語源である。「遠くの事象を目の前で見たい」との夢がテレビシステムを生んだ。もちろん，多くの高度の技術がテレビシステムを実現した背景にある。しかし，その原点は「こんなものが欲しい」との夢であったはずだ。「実現する方法（How）」は多くの人が英知を傾ければなんとか考え出せる。もっと重要なのは「なにを（What）実現したいか」であるといわれる。つねに「なにを（what）」につながる夢をもちたい。

を前提として放送サービスを行う。

　大規模映像記録装置の使用により，視聴時刻は放送時刻にまったくとらわれない。例えば，夜間に番組を放送し，好きな時間に視聴することもできる。また，関連する各種データ（従来以上に高度な電子番組表，番組内容に関連する情報など）が番組と一緒に放送局から送られて来て，これを用いてシーン検索，ダイジェスト視聴など視聴者の好みに応じた視聴が可能になる。また，番組の利用に関する制御情報も放送局から送られることにより，パソコン，ゲーム機などテレビ受信機以外の端末による，視聴者ごとに異なる多用な視聴も可能になる。インターネットや他の情報家電との連携も視野に入れながら，新しい放送形態が検討されている。

12 映像通信および映像配信システム

前章までは映像システムの主に要素技術を述べてきたが,最後の章では,映像システムに関連する情報通信技術の進展[58),60),61)] を概観するとともに,**ユビキタス**(ubiquitous)時代における映像配信を中心とした映像システムの応用例について述べる。

12.1 関連通信システムの進展[27),58),60),61)]

ユビキタスという言葉が注目され,「いつでも,どこでも,なんでも,誰でも」情報通信ネットワークに接続でき,双方向のやり取りを介して,日常生活,ビジネス活動に高い利便性を得られることが期待されている。

具体的には,従来から期待されてきたテレビ電話,テレビ会議の映像通信が進展し,さらには双方向のテレビジョン放送やビデオオンデマンドシステムが主にパーソナルユースとして注目されている。

また,ITS,遠隔医療あるいはe-Learningなど,新しいユビキタス情報通信システムにおいても映像が一つの核である。

この節では,このような映像システムを支える大容量・高速の基幹通信網,ブロードバンドの移動無線,インターネットなどの通信プロトコルの高度化,マルチモードの携帯端末などのインフラ整備について概説する。

12.1.1 インターネット

インターネットの原形は1970年代に米国で開発され,1989年から一般に公

開されて全世界で使用されるようになった。

図 12.1 にインターネットの構成を示し、またそのネットワークで伝送される **IP パケット**（internet protocol packet）の基本フォーマットを示す。

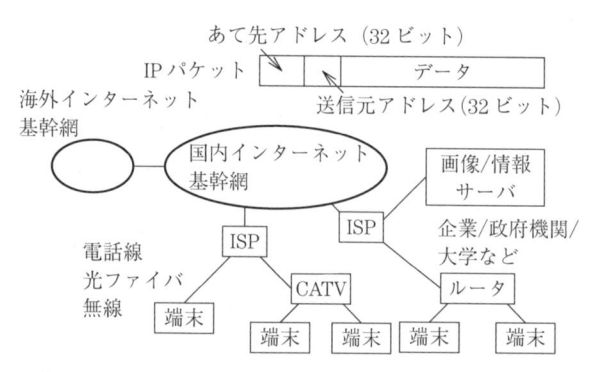

図 12.1 インターネットの構成およびそこで伝送される IP パケット

データは IP パケットとして適切な長さごとに分割されて伝送される。IP パケットはヘッダとして、あて先のアドレスと送信元のアドレスが指定される。インターネットの各端末はそれぞれ固有のアドレスが付与されており、**ISP**（internet service provider）などのネットワークの各ノード（node）では、あて先のアドレスを見て、そのノードに属するアドレスであればそのパケットを取り込み、他ノードのものであればルーティングの規則に従った他のノードに送出する。これは**コネクションレス型**（connectionless type）と呼ばれる。

この形式を用いることによって、柔軟な、拡張性に富むネットワークが形成できる。その通信制御プロトコルは TCP/IP である。なお、従来の電話網はコネクション型である。

IP パケットはディジタル化された情報であればその種類を区別しないので、映像、音声、文字データなどマルチメディアが取り扱える。

電子メールがインターネットの代表的なサービスである。また、図 12.1 に示した映像/情報サーバなど各地の情報源に対し、その **URL**（uniform resource locators）を指定することによって欲しいマルチメディアファイル

を入手し，端末に表示させることができるWWWブラウザ機能は，グローバルな情報化社会を実現した根幹ともいえる。

一方，インターネットのデータ伝送に関してはつぎのような課題がある。すなわち，伝送中にヘッダ情報が符号誤りを発生してそのパケットが紛失したとしても，ネットワーク側は再送処理などをしないので，IPパケットの確実な送信は保証されない。また，一つのネットワークを多くのユーザ端末が共有するので，ユーザが利用できる帯域は一定でない。また，IPパケットが相手先へ到着する時間もパケットごとに異なり，一定でない。

このようにインターネットは，通信品質を保証しないベストエフォート型ネットワークである。

なお，現在のインターネットプロトコルはIPv4と呼ばれ，端末アドレスは32ビットで表現されている。2000年からは新しいIPv6対応機器が使用できる状態になりつつある。

IPv6では128ビットにアドレス空間が拡張されるので，ユーザがPC，携帯端末だけでなく，インターネットに接続したい家電製品など多くの情報機器，制御機器などにアドレスを付与することができる。

さらに，**等時性**（isochronous）の機能を実現し，送信端末と受信端末間でパケットを一定の時間関係を維持しながら伝送できるので，動映像や音声のようなリアルタイム性が要求されるストリーミングメディアの通信品質が改善される。また，不特定多数に同じデータを送信可能なマルチキャスト機能が強化される。

インターネットへの接続手段は，図12.1からもわかるように，電話線，光ファイバ，無線など各種のものが用意されており，利便性が高い。

12.1.2 モバイル通信

船舶など有線通信ではカバーできない場所との無線通信は，安否の確認や業務用としてきわめて重要であり，古くから開発されていた。いまや，通信衛星を介して全世界が通信可能といえる時代となっている。

一方，自動車，列車などによる移動中や，ビル街を徒歩で移動している場合も含めて，「いつでも」「どこでも」情報交換のできる携帯電話の需要が，機器の改良とともに爆発的に高まり，目覚ましい進展を遂げている。

すなわち，1979年にアナログ式の自動車電話が導入され，主に業務用，社用車に装備された。その後，1990年代前半にはディジタル方式となり，小型化も進み，パーソナルユースが主流となり，PHS方式では64kbps程度まで伝送速度が上がり，音声だけでなく，データ転送も盛んになった。

2000年に入ると，最高2Mbpsの高速化が図られ，テレビ電話など映像メディア，さらにインターネットとの融合が図られた。さらに，データ伝送速度の高速化だけでなく，**CDMA**（code division multiple access）を代表とする移動端末向けの高度な接続方式が開発された。これによって都市部での建物による無線電波の反射による影響（マルチパスと呼ぶ）や，ある一定の地域（セル）をカバーする無線基地から別の無線基地にユーザが移動する際の瞬断などの課題に対処できるようになり，高速に移動する車両，自動車においても携帯電話が使用できるようになった。

このようなモバイル通信がユビキタス情報化社会を実現する基本技術の一つであることは間違いない。今後，映像メディアなど大量のデータ情報に対処するため，さらに20Mbps程度までの高速化が検討されている。

12.1.3 CATVとその他の通信系

（1）　**CATV**　　CATVはcable television, common antenna television, あるいはcommunity antenna televisionなどの略称であり，それぞれ，有線放送，共同受信テレビ，都市型有線テレビと訳される。

最近は都市型有線テレビが盛んであり，放送系と通信系が融合したシステムの代表の一つといえる。その基本構成を図**12.2**に示す。ケーブルといっても従来は同軸ケーブルを指していたが，最近は光ファイバを指す場合が多い。

ヘッドエンド（head-end）は地上波や衛星からの放送番組を受信し，エンコーダおよびサーバを介してクライアントの端末であるSTBに送信する。ま

12.1 関連通信システムの進展　　139

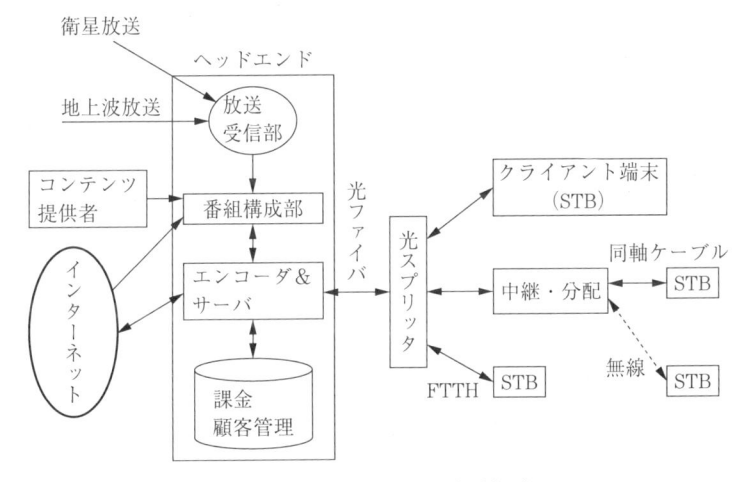

図12.2 CATV の基本構成

た，自主番組あるいは広告依頼主などからの番組も上記の放送番組に混合し，あるいは別チャネルで送信する。

　エンコーダは映像信号をCATV系に適した伝送符号にディジタル変調し，これらを周波数的に多重化して多チャンネル化する．例えば，日本有線放送規格では6 MHz間隔で110チャネルの伝送帯域が規定されている．

　また，CATVにおいても，インターネット，電話サービスを取り入れるため，また有料番組の課金や視聴情報を得るためにも，クライアント端末からヘッドエンドへデータを送るための上りチャネルが設定される．

　なお，伝送路の構成としては，その基幹部分は光ファイバを使用し，電柱などに設置された光ノードから各STB（およそ50から500端末）までは同軸ケーブルあるいは無線で接続する方法や，STBまで光ファイバを使用する方法（fiber to the home, **FTTH**）がある．

　STBではチャネルの選択とディジタル復調を行い，さらに盗聴防止などのために映像信号に処理されたスクランブル処理を取り除く（デスクランブル処理）．なお，MPEGなどの映像圧縮がなされている場合は，その伸張を行ってから表示装置に映像信号を送信する．

(2) 固定無線システム　有線回線が敷設しにくい場所に無線通信システムを導入することは従来から実施されてきた。最近ではむしろ，無線の特徴を生かし，配線する手間を省く，あるいは通信ノードに近づかなくても無接触で通信が可能，などの利点を生かす近距離無線システムが盛んに導入されている。

例えば，CATVでも触れたように，通信網ノードとユーザ端末間を無線で接続するシステムは**固定無線アクセスシステム**（fixed wireless access system, **FWA**）と呼ばれ，各家庭までの配線工事を省けることをメリットに上げている。そこで用いられる周波数帯は26 GHzが代表的で，40 Mbps程度の伝送速度である。

一方，事務所や家庭内において，中心的なビデオサーバから複数台のパソコン，映像信号記録再生装置，表示装置などを無線によってネットワーク構築することが多くなってきている。端末を移動して使用したいためである。これらは**無線 LAN**（wireless local area network）と呼ばれる。無線 LAN の各方式の仕様を**表 12.1**に示す。

表12.1　各種無線 LAN の仕様

方式名	IEEE 802.11	IEEE 802.11b	IEEE 802.11a	HiSWANa	Bluetooth 1.0
周波数帯	2.4 GHz		5.2 GHz	5.2 GHz	2.4 GHz
伝送速度	2 Mbps	11 Mbps	54 Mbps	54 Mbps	1 Mbps
変調方式	スペクトル拡散変調		OFDM	QoS保証方式 OFDM	周波数ホッピングのスペクトル拡散

IEEE 802.11 の3種類は IEEE のワーキンググループで検討されたものである。なお，2.4 GHz 帯は産業機器，家電機器や医療機器が自由に使える周波数帯で，**ISM**（industrial, scientific and medical applications）帯と呼ばれている。このため，この周波数帯をデータ伝送に利用するときは外来電波との干渉に強い変調方式が要求され，スペクトル拡散方式が採用されている。

5 GHz 帯を用いる IEEE 802.11a がベストエフォートの伝送系であるのに対して，**HiSWANa**（high speed wireless access network type a）は，同じ5

GHz 帯であるが一定の伝送特性を保証した伝送系で，映像信号などの伝送を念頭に置いている．

Bluetooth（登録商標）[62] は，事務所，家庭内での無線 LAN を強く意識した近距離通信用であり，IEEE 802.15 として規格化に動いている．

また，無線タグと呼ばれている **RFID**（radio frequency identification）システムでは，非常に小型の無線送信素子が使用される．リーダと呼ばれる読取装置によって発信情報が認識されると，リーダに接続されているネットワークを介して，その無線タグを付けていた人あるいは装置に，映像情報を配信するなどのサービスが考えられている．このように，非接触の無線タグを用いてトリガ情報を得て，情報配信サービスを含む種々の応用が開発されようとしている．

（3） 電話線，電力線による通信 電話網は最も普及した通信網であり，その中心は最近まで有線の電話線であった．しかし，携帯電話網の発展によってその位置づけが変わりつつある．

電話線においては，**ISDN**（integrated service digital networks）伝送方式と **ADSL**（asymmetric digital subscriber line）伝送方式が開発され高速化が図られている．

ISDN は二つの 64 kbps 情報チャネル（B チャネル）および一つの 16 kbps 制御信号チャネル（D チャネル）を合わせた 144 kbps のディジタル信号を，時間圧縮と時分割多重によって双方向に伝送できるものである．

一方，ADSL は，使用する周波数帯域内で複数のサブキャリアを用い，各サブキャリアでディジタル変調の QAM 方式によってディジタル信号を伝送する．

フルレート ADSL は，上り回線が最大 1 Mbps，下り回線が最大 8 Mbps である．ADSL やその改良方式を総称して xDSL といわれる．

電力線通信（power-line communication，**PLC**）[63],[64] は，各家庭へも，また各家庭の各部屋にも必ず電力線が引き込まれているので，これに OFDM などの変調信号を重畳することによって，電力コンセントに接続されている機器間でデータの伝送を行うものである．

欧米では 20 MHz 程度の帯域を用いて 14 Mbps の製品が出ている．わが国では電力線通信による妨害電波の影響なども含めて検討が進められている．既存インフラを利用する点が特徴である．

12.2　テレビ電話，テレビ会議

TV カメラと表示装置を用い，通信路を介して相手のリアルタイムな映像を見ながら会話ができるテレビ電話は，テレビジョンの応用として誰もが考えるシステムである．したがって，その研究の歴史は古く，1930 年代には実験が行われていた．

しかし，音声に比べて伝送すべき情報量が多く，通信システムのブロードバンド化が進展するまでは実験室レベルにとどまっていた．

また，日常的な使用においては，表示画面の相手の顔をつねに見ながら会話する違和感，緊張感が強い．このため，話者の動画像でなく，周囲の映像や端末に取り込んだ静止画によって会話を進めるなど，その利用方法は変化している．

一方，コンサルタントを受ける場合，個人英会話レッスンなどテレビ電話本来と思われる応用や，リアルタイムの映像取得が目的となる監視システムへの応用が盛んになってきている．

Q 12.1　映像監視システムはどのような場所で利用されているか，また，そこで必要とされる要素技術はどのようなものか．

1 対 1 の双方向であるテレビ電話に対し，N 人のグループが M 個の場所において議論する**テレビ会議**（video conference）は，ビジネス活動にとって重要である．

その形態は，(1) テレビ会議用に専用室を設け，高速通信回線を介してテレビ放送なみ，あるいはそれ以上の高精細映像を大型画面で利用するもの，(2) 電話網を利用し，普及レベルの表示装置を用い，PinP 表示などを利用した簡

易型,(3) インターネットに接続されたパソコンを用い,マルチウインドに相手映像や文書を表示するもの,などがある。

ISDN やインターネットにおいて 64 kbps の低レートを用いる場合は,DCT を利用した MPEG2 に類似した H.263 方式が使われる。その他のレートは 1993 年の勧告において $p×64$ kbps($p=1〜30$)のビデオコーデックが想定されている。

図 12.3 に専用室を用いたテレビ会議システムの例を示す。会議の雰囲気を伝えるために室全体を撮影するためのカメラ,および話者に向けてズーミングができるカメラが用意される。大画面を複数の会議参加者が視聴し,また議長あるいは特定の人は個人端末を利用する。HDD などのデータ蓄積装置からの情報,あるいは図示していないが,その他のデータベースからの情報などが信号の合成,分配装置に入力される。

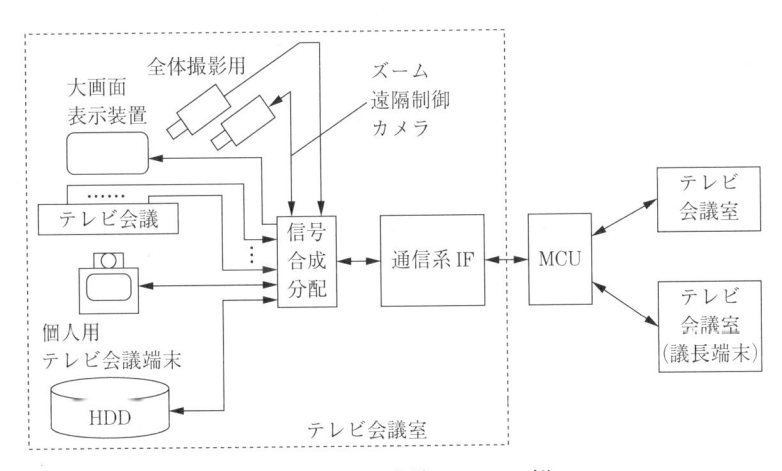

図 12.3 テレビ会議システムの例

映像などの信号は通信インタフェースを介して,他の会議室へ送信される。各会議室や端末間の接続は **MCU**(multi-point control unit,**多地点間通信制御装置**)によって制御される。

このようなテレビ会議システムにおいては,つぎのような使い勝手に関連する技術が検討されている。

(1) 会議机に多人数が出席し発言する場合，音声，あるいは出席者全員を撮影するカメラ出力から話者または話者端末を特定する。
(2) テレビ電話ほどは要求されないが，話者の視線検出に関するもの。
(3) 発言の順位，データへの書込みなど各種権限に関する処理。
(4) 議事録作成に関するもの。

グローバルな企業活動が前提となってきた今日，テレビ会議システムの利用は今後増える方向と考えられる。

12.3 映像配信システムの要素技術

12.3.1 映像配信の形態[65]

放送やCATVのように専用の伝送系をもっている場合は，動映像および音声の番組を配信，ライブ中継することは当然可能である。

一方，現状のインターネットではサーバ・クライアント間の等時性が確保されていない。このため，動映像や音声など時間が連続的に流れるストリームコンテンツを扱う場合には，つぎのような対策などを用い，受信しながら再生できる**ストリーミング伝送**（streaming transmission）を行う。

(1) クライアント側にバッファを設け，バッファ量に応じて伝送速度を選択する。
(2) 階層符号化を用い，伝送速度をモニタしながら，伝送する階層を制御する。

もちろん，ストリーミング伝送をやめ，あらかじめ番組全体のファイルをサーバからクライアント端末にダウンロードしておき，その後，クライアント側の蓄積装置からリアルタイム再生することも可能である。

このように，映像の配信にはストリーミング伝送とダウンロード伝送の形態がある。

一方，映像配信を入手方法から眺めると，つぎの二つの方法が考えられる。

(1) **Push 型**　放送のように多数の番組，データが同時に送信されて

おり，クライアントはメニューや **EPG**（electronic program guide）から番組などを選択するもの．

（2）**Pull 型**　クライアントが希望する番組 ID，ファイル ID をサーバに送信し，サーバはクライアントごとにその番組，ファイルなどを送信するもの．

これらをまとめて，**表 12.2** に配信方法と入手方法の組合せによってネットワーク映像の配信方式を分類したものを示す．

表 12.2　ネットワーク映像（コンテンツ）配信方式

	Push 型	Pull 型
ダウンロード型	同報ダウンロード：映像，データ，ソフトウェアなどをメニューから選ぶ	オンデマンドで映像，データ，ソフトウェアなどをダウンロード
ストリーミング型	放送/ライブ配信：複数の番組（ライブ番組を含む）から選んで動画像として鑑賞，near VOD	ビデオオンデマンド（VOD）

特に，ストリーミングの Pull 型は **VOD**（video on demand）と呼ばれている．VOD は通信回線を多く利用するため，高価になりやすい．そこで，多数のクライアントの希望をモニタしながら，各番組を複数のスタート時間で番組開始時間をずらせて送信し，クライアントが希望する番組を希望の時点からそれほど待たずに再生できる方式（near VOD）が開発されている．

12.3.2　限定受信

CATV，衛星放送，インターネット TV などによる有料番組では，盗聴されると事業が成り立たないので，番組にはスクランブル（暗号化）処理が加えられており，契約者にだけデスクランブル（復号化）するための鍵が与えられる．このように，特定の人だけが視聴できることを**限定受信**[61), 66)]（conditional access，**CA**）と呼ぶ．

デジタル放送の限定受信方式の基本構成を**図 12.4** に示す．送信情報のセキュリティを高めるために，鍵は階層構造をもっている．

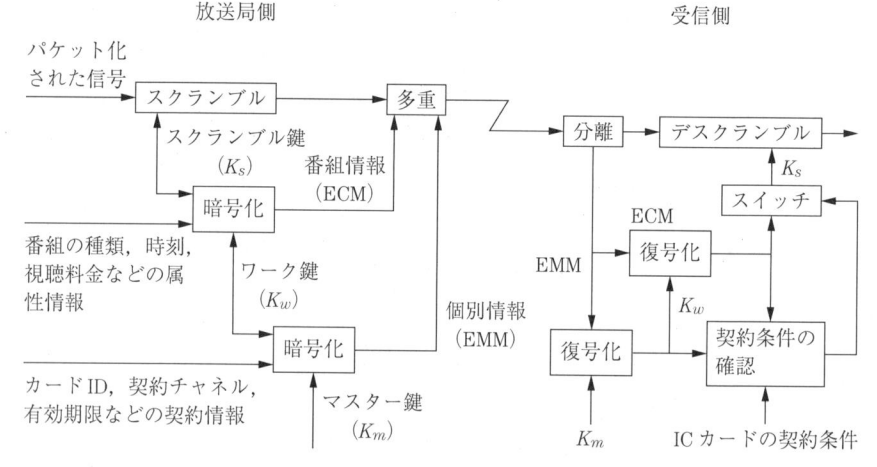

図 12.4 限定受信システムにおける鍵の階層構造

スクランブル鍵 (K_s) は秒単位で更新されている．よって，このスクランブル鍵はワーク鍵 (K_w) で暗号化されて，放送信号に多重して受信機に送られる．このワーク鍵も月単位程度で更新されるので，マスタ鍵 (K_m) によって暗号化されて，スクランブル鍵と同様に送信される．

マスタ鍵は各受信機が個別に有する鍵で，IC カードなどに記憶されている．

受信機では，送られてきたトランスポートストリームの中から，鍵に関連する**番組情報**（entitlement control messages，**ECM**），**個別情報**（entitlement management messages，**EMM**）を分離し，順々に復号する．

契約条件が成立していれば，スクランブル鍵を用いて，スクランブルを解き，視聴できる信号とする．

なお，IC カードがあれば誰でも視聴できるとすると，家庭内では子供が成人用番組を見るなどの不都合が発生する．このため，受信機において，利用者の**認証**（authentication）を行うことがある．

認証方法を利用者の使う立場で分類すると，(1) パスワード入力，指紋センサに指を置くなど，利用者が能動的に操作しなければならないもの，(2) テレビカメラなどで利用者の顔を撮影し，記憶してある顔写真との照合を自動的に

行い，利用者には受動的に認識が行われるもの，がある。

12.3.3 コンテンツ保護[61), 67)]

情報のセキュリティには前節で述べた情報の盗聴防止だけでなく，情報の盗用防止も重要である．すなわち，著作権のある映像コンテンツのコピー防止策には，例えば音楽 CD では **SCMS**（serial copy management system），映像では **CGMS**（copy generation management system），**CPRM**（content protection for recordable media）などが使われている．

これらはコピー制御信号をコンテンツ情報とともに記録しておき，コピー時にはこの制御信号に応じてコピーの可，不可が判断される．コピー制御信号の例を**表 12.3** に示す．

表 12.3 コピー制御信号の例

コピー制御信号	制御内容
11	コピー禁止
10	1度のコピーを許可
01	これ以上のコピーは禁止
00	コピーを許可

──── コーヒーブレイク ────

展示会の見学

どんなエレクトロニクス製品，技術がこれから世の中に出てきそうかを，製品が店頭に並ぶ前に知ることは興味深い．展示会は製品に先行して技術を紹介する場である．映像分野を例にとると，国際的に有名な展示会としては，米国で開催される NAB（全米放送協会）展，Consumer Electronics Show などがあり，世界各地から毎回 10 万人規模の見学者が訪れている．同様の国内展示会としては，国際放送機器展，CEATEC 展などがある．最近は，映像と周辺分野との融合が進んでいるために，通信，パソコン，インターネットなどの展示会の主役も映像に移りつつある．展示社は自社技術の PR や消費者の反応調査を目的にしているために，見学者に対する丁寧な説明が期待できる．基本的には参加費は無料であり，これらに参加して技術の流れを自らの肌で感じてみるのはどうだろうか．

最近は，このコピー制御信号を含む著作権情報を**電子透かし**（digital watermark）の手法を使って映像信号に多重化することが検討されている。コピー制御とともに，流出したコピーの探索に利用し，著作権侵害を実証する目的に使う。

電子透かし技術に要求される項目として以下のものが挙げられる。

(1) 埋め込む情報が元の映像や音声に視聴覚的に影響を与えない。
(2) コピーしたときにも，埋め込む情報が失われない。また，映像の一部だけを取り出しても，埋め込み情報が復元できることが望ましい。
(3) もちろん，埋め込む情報を改ざん，消去されるなどの攻撃に強いこと。

12.4　映像配信システムの応用例

家庭内，構内，車内などにおいてテレビカメラと表示装置を専用線によって接続し，監視，試験などを行う**閉回路テレビジョン**（closed circuit television），あるいはホテルや企業内の**有線テレビ**（cable television）が従来から実用化されている。

しかし，最近は，通信ネットワークの発達によってこれらのテレビジョンシステムがネットワーク化され，映像配信システムの応用例として捉えるほうがより実情に合っているものが多くなってきた。

表 12.4 はこれらを分野別にまとめたものである。ただし，e-Japan などといわれるように情報化は時代の流れであり，これ以外の映像配信システムが考えられる余地は十分にある。

Q 12.2　従来の閉回路テレビジョンシステム例を調査し，まだネットワーク化されていないものを見つけ，そのネットワーク化の可能性を検討する。

以下に，今後の発展が期待されるシステム例を概観する。

表 12.4 映像配信システムの応用例

分野	具体例
教育，コンサルタント用	遠隔講義，企業内学習，無人相談端末
会議用	ビデオサーバと連携したビデオ会議
映画配信	ホテル，列車内，飛行機内などのVODディジタルシネマ配信
アミューズメント	カラオケ，ゲームホームサーバ
遠隔監視，モニタリング	異常発生時の映像蓄積および伝送，観光地や保育園などのライブ映像モニタ
医療用	遠隔手術支援
移動体への動画サービス	モバイルDTV，ITSにおける動画配信サービス

12.4.1 ホームサーバ[59), 61)]

図 12.5 に 11.4 節で述べたホームサーバの構成例を示す。図では，ネットワークに接続される STB の CPU を利用して全体を制御する。もちろん，テレビジョン受信機によって全体を制御する構成としてもよい。

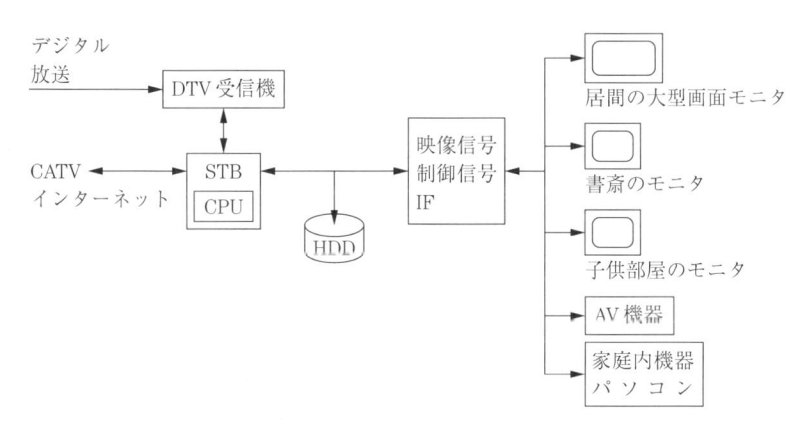

図 12.5 ホームサーバの構成例

地上波放送，衛星放送，CATV，インターネット TV などから配信されるコンテンツにはメタデータが多重化されているので，視聴者があらかじめ指定した検索方法で検索され，HDD など蓄積装置に記憶される。また，ニュース，天気予報などは最新情報に自動更新される。

なお，番組の付加情報としては TV-Anytime のメタデータや電子番組ガイド（EPG）が使用される。

家庭内のネットワークは，単に AV 機器への映像信号の分配だけでなく，家庭内機器の制御信号を送受信させるものとの共用が図られる。

家庭内であろうとも，12.3.2項，12.3.3項などで述べた盗聴防止のための暗号化，コンテンツ保護，認証技術が利用される。

12.4.2　ITS

ITS[68), 69)]（intelligent transport system）は交通事故の削減（日本における年間死亡者は1万人弱），交通渋滞の緩和を目指し，また交通の円滑化を通じて CO_2 排出の減少につなげ，環境保全にも寄与しようとするものである。このため，緊急通報システム，緊急車両支援情報システム，ETC，安全運転支援システム，歩行者等支援情報通信システム，交通情報提供システムなど多くの側面から検討が進められている。

また，自動車は運転手以外の人々にとって快適な居間あるいは書斎であって欲しいという要望から，車への映像配信サービスが注目されている。

このように，ITS 関連情報通信サービスにおいては，安全にかかわるものから娯楽用などがあり，サービス内容に応じて通信の受信，送信の信頼度も大きく変化するので，それに適した各種通信システムが導入される。

例えば，**DSRC**（dedicated short range communication，**狭域通信**）の応用例の一つは，高速道路の料金所における自動料金収受システムである。さらに，DSRC の新しい応用として，道路沿いなどに通信スポットを連続的につくり，安全運転を支援する情報，経路誘導情報などをサービスしようとしている。

図12.6†は各種 ITS 情報サービスについて，その通信形態としての通信範

---

† グローバルな時代であり，外国人への対応だけでなく，日本の学会も英文の図面を要求することが多いので，軸のタイトルも含め，英文図面をつねに準備しておくべきである。

12.4 映像配信システムの応用例 151

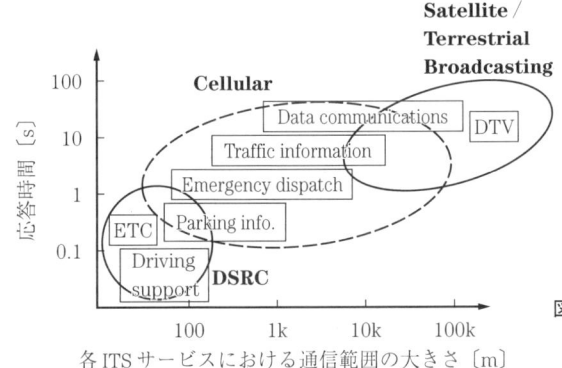

図 12.6 各種 ITS サービスと通信メディアの関係

囲と許容応答時間の関係を示したものである.

DSRC においては，送受信のやり取りは安全上，短時間でかつ確実に行われなければならない.

携帯電話を利用し，事故が発生したときの緊急通報サービス，交通情報の入手，インターネットによる各種データの入手などが要望されている.

さらに，地上波および衛星からのテレビ放送や，自動車向けの専用衛星による映像を含むコンテンツの受信および緊急通報サービスが想定されている.

以上の各通信におけるアンテナ，受信系，送信系をすべて別々に用意することは車内空間が限られていることなどから問題とされ，マルチモード可能な通信端末が期待されている. この場合，上記の通信系は適時切り替えながら送受信されるので，切替えにかかわる許容応答時間が考慮される.

Q 12.3 衛星からの電波はトンネル内など道路の環境条件によって，その受信状態は大きく変化する. これに対する対処方法にどのようなものがあるか.

なお，ITS 関連では，車載のカメラを介して前方監視，車内監視（運転者の特定，視線の検出），側方監視，後方監視（バック時），後側方監視（右折，左折，レーンチェンジ時）が行われ，映像認識技術を利用して，他の車両や歩行者の検出，障害物の検出を行うシステムも盛んに開発されている.

また，飛行機や列車と同様に運転操作履歴だけでなく，道路周辺の状況までも撮像して記録するドライブレコーダも検討されている.

映像システムは娯楽とのつながりが強調されているようであるが,ITS,医療,監視など社会的な各種分野においても,通信,情報処理技術と融合されて今後,発展していくものである。

12.5 関 連 用 語

(1) ソフトウェア無線 STBや携帯電話などにおいて,送受信にかかわる通信信号処理系をDSPなど汎用的なディジタル回路を用いてソフトウェアで構成するものを**ソフトウェア無線**[70]という。基本的な製品プラットフォームの数を少なくでき,また製品化までの時間が短縮できると期待されている。さらに,上記端末において,マルチモード,マルチスタンダードに対応できる,あるいは段階的なサービス(QoS)をもたせた製品アーキテクチャが導入できる,さらに無線ダウンロードによって製品の性能アップや製品のバグの修理が可能になる,などの特徴をもっている。

上記の例だけでなく,一般にネットワークに接続されている各種端末の信号処理系がアナログからディジタルに進展し,さらにソフトウェアで記述されるパラダイムシフトがあるといわれている。

コーヒーブレイク

インターネットを利用した国際技術PJ

MPEG,ソフトウェア無線,TV-anytimeなど映像システム関連にかぎらず,多くの技術分野で世界の若い技術者,研究者がインターネットを利用しながら,技術プロジェクトを推進している。文字どおり,日夜,メールが飛び交い,新しい規格づくりや評価テストのやり方などを議論している。興味あるフォーラムにアクセスして,その雰囲気を垣間見て,開発スピードの速さを是非とも実感して欲しい。

日本ではインターネットは娯楽用と見られる傾向にあるが,世界ではビジネス用途が中心である。グローバルな流れに参加し,日本人のengineering senseのよさを生かして,使いやすい,社会に役立つ映像システムの開発に寄与されることを期待したい。

12.5 関連用語

（2）共通鍵方式および公開鍵方式　図 12.7 に示す暗号化および復号化に必要な鍵に関する処理方式を**共通鍵方式**あるいは**公開鍵方式**という[27]。共通鍵は暗号時と復号時に同じ鍵を用いるもので，図 12.4 で述べた限定受信の方式で使われている。復号化の演算が簡単ではあるが，鍵の配送や鍵の保管に注意が必要である。

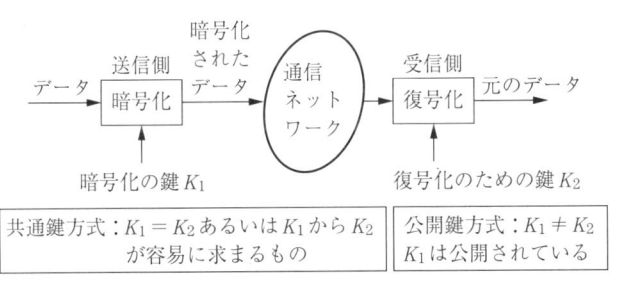

図 12.7　共通鍵方式あるいは公開鍵方式の暗号化

共通鍵方式：$K_1 = K_2$ あるいは K_1 から K_2 が容易に求まるもの

公開鍵方式：$K_1 \neq K_2$、K_1 は公開されている

公開鍵方式は，暗号化のための鍵 K_1 は公開されているが，この鍵 K_1 から復号鍵 K_2 を推定することがきわめて難しいことが必要条件である。この場合，秘密鍵 K_2 だけが管理の対象となる。ただし，暗号化および復号化の処理は複雑になる。

（3）メタデータ　元々は情報処理分野においてデータについて記述した副次的なデータのことを**メタデータ**[63), 67)] という。映像を含むコンテンツの検索，カスタマイズ化などを行うために作成される関連情報，具体的には，ジャンル情報，タイトル，シーン記述，ダイジェスト視聴用の情報，さらには映像フォーマットなどの伝送パラメータもメタ情報として取り扱われる。

MPEG7 や TV-Anytime などの標準化活動が注目されている。

引用・参考文献

1) 映像情報メディア学会 編：映像情報メディア用語辞典，コロナ社（1999）
2) 映像情報メディア学会 編：小特集：アナログ放送からデジタル放送へ，映像情報メディア学会誌，**54**, 11,（2000）
3) 塩見 正，羽鳥光俊：ディジタル放送，オーム社（1998）
4) 映像情報メディア学会 編：特集：デジタル放送サービスと受信機，映像情報メディア学会誌，**58**, 5,（2004）
5) 映像情報メディア学会 編：特集：映像情報メディア年報，映像情報メディア学会誌，**58**, 8,（2004）
6) 木内雄二 編：映像入力技術ハンドブック，日刊工業新聞社（1992）
7) 映像情報メディア学会 編：テレビジョン映像情報工学ハンドブック，pp.4〜74，オーム社（1997）
8) 特集：色再現，映像情報メディア学会誌，**58**, 12（2004）
9) 映像情報メディア学会 編：テレビジョン映像情報工学ハンドブック，p.605，オーム社（1997）
10) 映像情報メディア学会 編：テレビジョン映像情報工学ハンドブック，p.43，オーム社（1997）
11) 映像情報メディア学会 編：テレビジョン映像情報工学ハンドブック，p.72，オーム社（1997）
12) 原島 博 監修：画像情報圧縮，pp.23〜51，オーム社（1991）
13) 映像情報メディア学会 編：テレビジョン映像情報工学ハンドブック，pp.581〜588，オーム社（1997）
14) テレビジョン学会 編：カラーテレビジョン技術，pp.3〜53，テレビジョン学会（1966）
15) 特許庁の特許電子図書館：www.ipdl.ncipi.go.jp（2005年12月現在）
16) テレビジョン学会 編：カラーテレビジョン技術，pp.40〜72，テレビジョン学会（1966）
17) 映像情報メディア学会 編：テレビジョン映像情報工学ハンドブック，pp.588〜591，オーム社（1997）

18) T. Fukinuki and Y. Hirano：Extended-Definition TV fully compatible with existing standards, IEEE Trans., **COM-32**, 8, pp.948〜953（1984）
19) W.F. Schreiber：Improved television systems：NTSC and beyond, SMPTE J., **96**, 8, pp.734〜744（1987）
20) 二宮佑一：MUSE－ハイビジョン伝送方式，電子情報通信学会（1990）
21) A. Bateman：Digital Communications, Addison-Wesley（1998）
22) 畔柳功芳，塩谷　光：通信工学通論，電子情報通信学会（1994）
23) 西澤台次，田崎三郎　監修：ディジタル放送，pp.107〜117，オーム社（1996）
24) 映像情報メディア学会　編：ディジタルメディア規格ガイドブック，オーム社（1999）
25) NHK放送技術研究所　編：マルチメディア時代のディジタル放送技術事典，丸善（1994）
26) 映像情報メディア学会　編：デジタル放送ハンドブック，pp.18〜41，オーム社（2003）
27) 村上伸一：マルチメディア通信工学，東京電機大学（2002）
28) 日経BP　編：デジタル大辞典2001-2002年版，日経BP（1998）
29) 映像情報メディア学会　編：映像情報メディアハンドブック，p.74，オーム社（2000）
30) 映像情報メディア学会　編：映像情報メディアハンドブック，pp.266〜272，オーム社（2000）
31) 藤原　洋，安田　浩：ポイント図解式　標準ブロードバンド＋モバイルMPEG教科書，アスキー（2003）
32) 越智　宏，黒田英夫：JPEG & MPEG図解でわかる画像圧縮技術，日本実業出版社（1999）
33) 三木　弼：MPEG-4のすべて，工業調査会（1998）
34) 大久保栄　ほか：H.264/AVC教科書，インプレスネットビジネスカンパニー（2004）
35) 伊丹　誠：OFDM変調のシステム実現のための諸技術，電子情報通信学会誌，**85**，12，pp.925〜931（2002）
36) 三木：地上デジタルテレビジョン放送の伝送特性（第4回），放送技術，pp.203〜210（2001）
37) 江藤良純，三田誠一，土居信数：ディジタルビデオ記録技術，pp.42〜45，日刊工業新聞社（1990）
38) 江藤良純，金子敏信：誤り訂正符号とその応用，オーム社（1996）

39) 和久井孝太郎, 浮ケ谷文雄, 竹村裕夫：テレビジョンカメラの設計技術, コロナ社 (1999)
40) 江藤良純, 阿知葉征彦：テレビ信号のディジタル回路, コロナ社 (1989)
41) 山崎英一 ほか：発光型ディスプレイ1—CRT, 薄型CRT, VFD, FED—, 共立出版 (2001)
42) 佐々木玲一, 宮崎栄一：テレビジョン, pp.95〜98, コロナ社 (1989)
43) 内池平樹：大型壁掛けテレビの本命はPDP, ひたち, **65**, 1, pp.4〜5 (2003)
44) 堀 浩雄, 鈴木幸治 ほか：カラー液晶ディスプレイ, 共立出版 (2001)
45) 西田信夫 ほか：大画面ディスプレイ, 共立出版 (2002)
46) 映像情報メディア学会 編：小特集：20世紀の映像情報記録技術と21世紀への期待と課題, 映像情報メディア学会誌, **54**, 10, pp.1363〜1390 (2000)
47) 大田善彦：VHSって何ですか, 映像情報メディア学会誌, **57**, 1, pp.103〜104 (2003)
48) J. Watkinson：Digital Video Tape Recorder, Focal Press (1994)
49) 映像情報メディア学会 編：小特集：DVDの生い立ちから次世代DVDまで, 映像情報メディア学会誌, **56**, 4, pp.517〜553 (2002)
50) 伊藤 寛：ディスク型記録装置の研究動向, PIONEER R&D, **12**, 2 (2002)
51) 中村慶久 ほか：画像のディジタル記録, オーム社 (1997)
52) 山田 宰, 松村 肇：放送システム, コロナ社 (2003)
53) 山田 宰 ほか：デジタル放送ハンドブック, pp.4〜41, オーム社 (2003)
54) 大塚吉道：地上デジタル放送の概要, 映像情報メディア学会誌, **58**, 1, pp.19〜22 (2004)
55) 中村直義：最近のケーブルテレビと地上デジタル放送, 映像情報メディア学会誌, **56**, 2, pp.175〜180 (2002)
56) 榎並和雅：(デジタル放送サービスと受信機) 概要〜デジタル放送サービス〜, 映像情報メディア学会誌, **58**, 5, pp.604〜607 (2004)
57) 栗岡辰弥 ほか：サーバ型放送, 映像情報メディア学会誌, **58**, 5, pp.647〜650 (2004)
58) 情報通信技術研究会 編：新情報通信概論, 電気通信協会 (2003)
59) 映像情報メディア学会 編：小特集：ユビキタス, 映像情報メディア学会誌, **59**, 1 (2005)
60) 羽鳥好律, 片山頼明：ディジタル映像ネットワーク, コロナ社 (2003)
61) 映像情報メディア学会 編：映像情報メディアハンドブック, pp.237〜338, オーム社 (2000)

62) 斉藤　健，竹林洋一：Bluetoothなどのローカルネットワーク技術，電子情報通信学会誌，**84**，11，pp.811～818（2001）
63) 映像情報メディア学会　編：特集：ブロードバンドと映像サービス，映像情報メディア学会誌，**58**，11（2004）
64) 映像情報メディア学会　編：特集：ホームネットワーク，映像情報メディア学会誌，**59**，5（2005）
65) 映像情報メディア学会　編：小特集：放送，通信におけるコンテンツ通信技術，映像情報メディア学会誌，**58**，2（2004）
66) 映像情報メディア学会　編：デジタル放送ハンドブック，pp.286～323，オーム社（2003）
67) 映像情報メディア学会　編：特集：デジタル放送サービスと受信機，映像情報メディア学会誌，**58**，5（2004）
68) ITS情報通信システム推信会議：http://www.itsforum.gr.jp（2005年12月現在）
69) 電子情報通信学会高度道路交通システム（ITS）研究会：http://www.ieice.or.jp（2005年12月現在）
70) 電子情報通信学会ソフトウェア無線研究会：http://www.ieice.or.jp（2005年12月現在）

索　　引

【あ】

アジマス効果	118
アスペクト比	7
誤り修整	90
誤り訂正	90
アンシラリデータ	57

【い】

色再現	29
色副搬送波	42
色補正	101

【う】

動き補償	72
内符号	89

【え】

液晶表示素子	107

【か】

回転ヘッド	116
可変長符号	74
加法混色	13
カラーバースト	40
ガンマ補正	34

【き】

記憶色	18
輝度	11, 12
逆フーリエ変換	81
狭域通信	150
共通鍵方式	153

【く】

空間周波数	69
空間周波数特性	10
空間的冗長度	68
クロストーク	118

【け】

ケル係数	24
検査符号	88
限定受信	145
減法混色	13

【こ】

公開鍵方式	153
高精細テレビジョン	3
光束	11
光度	12
高度道路交通システム	4
固体撮像素子	94
固定長符号	74
固定無線アクセスシステム	140
コネクションレス型	136
個別情報	146
コンポジット信号	53
コンポーネント信号	53

【さ】

撮像管	93
サブナイキスト標本化	49
3撮像素子カラーテレビカメラ	98
3刺激値	14
3次元表示システム	111

【し】

時間的冗長度	68
色差信号	32
視距離	9
シャドーマスク	105
シャノン・ハートレーの理論限界	52
周波数変調	79
受像管	104
順次走査	20
照度	13
振幅変調	38, 78

【す】

垂直解像度	23
垂直帰線期間	22
垂直走査	20
水平解像度	24
水平帰線期間	22
水平走査	20
スクランブルド NRZ	84
ストリーミング	137
ストリーミング伝送	144

【せ】

積符号	89

【そ】

走査	19
外符号	89
ソフトウェア無線	152

【た】

多地点間通信制御装置	143

索　引　159

単一撮像素子カラーテレビ
　　カメラ　　　　　　　　　99

【ち】

直交変調　　　　　　　　　38

【て】

定輝度原理　　　　　　　　35
テレビ会議　　　　　　62, 142
電界放出表示素子　　　　　105
電子透かし　　　　　　　　148
電力線通信　　　　　　　　141

【と】

同期検波　　　　　　　　　38
同期信号　　　　　　　　　20
同期復調　　　　　　　　　38
等時性　　　　　　　　　　137
投射型表示システム　　　　110
飛越し走査　　　　　　　　21
トランスポートストリーム
　　　　　　　　　　　　　65

【な】

ナイキスト間隔　　　　　　49
ナイキスト周波数　　　　　49
ナイキストの第1無ひずみ
　　条件　　　　　　　　　50
ナイキストフィルタ特性　　50

【に】

2次元符号　　　　　　　　89
2相変調　　　　　　　　　39
認　証　　　　　　　　　　146

【は】

発光ダイオード表示素子
　　　　　　　　　　　　　107
番組情報　　　　　　　　　146

【ひ】

比視感度関数　　　　　　　11
標本化定理　　　　　　　　49

【ふ】

フェーズシフト処理　　　　119
フェリー・ポーター
　　の法則　　　　　　　　8
符号間距離　　　　　　　　87
プラズマ表示素子　　　　　106
フーリエ変換　　　　　　　82
フリッカ　　　　　　　　　8
フレーム間予測符号化　　　72
分光放射束　　　　　　　　11

【へ】

閉回路テレビジョン　　　　148
ヘッドエンド　　　　　　　138
ヘリカル走査　　　　　　　118

【ま】

マイクロミラー表示素子
　　　　　　　　　　　　　109
マクロブロック　　　　　　73
マッハ効果　　　　　　　　18
マルチ画面表示システム
　　　　　　　　　　　　　110
マルチパス　　　　　　　　82

マルチバンドカメラ　　　　18

【む】

無線 LAN　　　　　　　　140

【め】

メタデータ　　　　　　　　153

【ゆ】

有機 EL 表示素子　　　　　107
有効走査線数　　　　　　　22
有効走査率　　　　　　　　22
有線テレビ　　　　　　　　148
ユビキタス　　　　　　　　135

【よ】

4相位相変調　　　　　　　79

【ら】

ランレングス　　　　　　　75
ランレングス制限符号　　　85

【り】

離散コサイン変換　　　　　69
リード・ソロモン符号　　　88
量子化雑音　　　　　　　　55
輪郭強調　　　　　　　　　100

【れ】

レンチキュラ板　　　　　　111

【ろ】

ローカルデコーダ　　　　　76

【A】

ADSL　　　　　　　　　　141
AM　　　　　　　　　　　38
A 光源　　　　　　　　　　17

【B】

Bluetooth　　　　　　　　141
B フレーム　　　　　　　　73

【C】

CA　　　　　　　　　　　145
CCD 撮像素子　　　　　　95
CDMA　　　　　　　　　138
CDR 方式　　　　　　　　57

CFF	8	【I】		Push型	144		
CGMS	147			Pフレーム	73		
CIE 1931 色度図	16	IPパケット	136	【Q】			
CIE-RGB 等色関数	14	ISDN	141				
CIF	59, 62	ISM	140	QAM	80		
CMOS 撮像素子	96	ISP	136	QCIF	62		
CPRM	147	ITS	4, 150	QPSK	79		
C光源	17	Iフレーム	73	【R】			
【D】		【J】		RFID	141		
D_{65}光源	17	JPEG	67	【S】			
DCT	69	【M】					
DSRC	150			SCMS	147		
DVD	121	MCU	143	SDIフォーマット	58		
DV方式	119	motion-JPEG	67	SECAM方式	32, 45		
【E】		MPEG2	67	STB	63, 138, 149		
		MPEG4	67	【T】			
ECM	146	MTF	10				
EDTV	45	MUSE方式	32, 46	TCI	47		
EMM	146	【N】		TS	65		
EPG	145			TSパケット	65		
【F】		NRZI符号	84	【U】			
		NRZ符号	84				
FTTH	139	NTSC方式	3	URL	136		
FWA	140	【O】		【V】			
【G】		OFDM	81	VHS方式	118		
GOP	73	OSI参照モデル	64	VOD	145		
【H】		【P】		【X】			
HDTV	3	PAL方式	21, 44	xy色度図	16		
HiSWANa	140	PLC	141				
H.264/AVC	67	Pull型	145				

―― 著者略歴 ――

江藤　良純（えとう　よしずみ）
- 1966 年　東京大学工学部電子工学科卒業
- 1966 年　(株)日立製作所中央研究所勤務
- 1977 年　工学博士（東京大学）
- 1992 年　(株)日立電子転属
- 1995 年　同社理事，開発研究所所長
- 2000 年　(株)日立国際電気へ社名変更。同社執行役員常務，放送・映像研究所所長
- 2003 年　(株)日立国際電気八木記念情報通信システム研究所技師長
　　　　　現在に至る

梅本　益雄（うめもと　ますお）
- 1969 年　京都工芸繊維大学工芸学部電気工学科卒業
- 1969 年　(株)日立製作所中央研究所勤務
　　　　　現在に至る
- 1991 年　テレビジョン学会編集理事
　〜93 年
- 1999 年　成蹊大学非常勤講師
　〜2002 年
- 2001 年　IEEE Senior Member
- 2002 年　映像情報メディア学会監事
　〜04 年

映像システムの基礎―ディジタル化への要素技術とその応用―
Basic Studies of Video Systems
―Fundamental Technologies for Digitalization and their Applications―

　　　　　　　　　　　　　　© (社)映像情報メディア学会 2006

2006 年 2 月 28 日　初版第 1 刷発行

検印省略	編　者	社団法人 映像情報メディア学会
	著　者	江　藤　良　純
		梅　本　益　雄
	発行者	株式会社　コロナ社
		代表者　牛来辰巳
	印刷所	新日本印刷株式会社

112-0011　東京都文京区千石 4-46-10

発行所　株式会社　コロナ社
CORONA PUBLISHING CO., LTD.
Tokyo　Japan
振替 00140-8-14844・電話(03)3941-3131(代)
ホームページ http://www.coronasha.co.jp

ISBN 4-339-00780-3　　(金)　(製本：愛千製本所)
Printed in Japan

無断複写・転載を禁ずる
落丁・乱丁本はお取替えいたします

電子情報通信レクチャーシリーズ

■(社)電子情報通信学会編　　(各巻B5判)

共通

番号	配本順	タイトル	著者	頁	定価
A-1		電子情報通信と産業	西村吉雄著		
A-2	(第14回)	電子情報通信技術史 ―おもに日本を中心としたマイルストーン―	「技術と歴史」研究会編		近刊
A-3		情報社会と倫理	辻井重男著		
A-4		メディアと人間	原島　博／北川高嗣 共著		
A-5	(第6回)	情報リテラシーとプレゼンテーション	青木由直著	216	3570円
A-6		コンピュータと情報処理	村岡洋一著		
A-7		情報通信ネットワーク	水澤純一著		
A-8		マイクロエレクトロニクス	亀山充隆著		
A-9		電子物性とデバイス	益　一哉著		

基礎

番号	配本順	タイトル	著者	頁	定価
B-1		電気電子基礎数学	大石進一著		
B-2		基礎電気回路	篠田庄司著		
B-3		信号とシステム	荒川　薫著		
B-4		確率過程と信号処理	酒井英昭著		
B-5		論理回路	安浦寛人著		
B-6	(第9回)	オートマトン・言語と計算理論	岩間　雄著	186	3150円
B-7		コンピュータプログラミング	富樫　敦著		
B-8		データ構造とアルゴリズム	今井　浩著		
B-9		ネットワーク工学	仙田正和／石村　裕 共著		
B-10	(第1回)	電磁気学	後藤尚久著	186	3045円
B-11		基礎電子物性工学	阿部正紀著		
B-12	(第4回)	波動解析基礎	小柴正則著	162	2730円
B-13	(第2回)	電磁気計測	岩﨑俊著	182	3045円

基盤

番号	配本順	タイトル	著者	頁	定価
C-1	(第13回)	情報・符号・暗号の理論	今井秀樹著	220	3675円
C-2		ディジタル信号処理	西原明法著		
C-3		電子回路	関根慶太郎著		
C-4		数理計画法	福島雅夫／山下信雄 共著		
C-5		通信システム工学	三木哲也著		
C-6		インターネット工学	後藤滋樹著		
C-7	(第3回)	画像・メディア工学	吹抜敬彦著	182	3045円
C-8		音声・言語処理	広瀬啓吉著		
C-9	(第11回)	コンピュータアーキテクチャ	坂井修一著	158	2835円

配本順			頁	定価
C-10		オペレーティングシステム	德田 英幸 著		
C-11		ソフトウェア基礎	外山 芳人 著		
C-12		データベース	田中 克己 著		
C-13		集積回路設計	浅田 邦博 著		
C-14		電子デバイス	舛岡 富士雄 著		
C-15	(第8回)	光・電磁波工学	鹿子嶋 憲一 著	200	3465円
C-16		電子物性工学	奥村 次徳 著		

展開

D-1		量子情報工学	山崎 浩一 著		
D-2		複雑性科学	松本 隆・相澤 洋二 共著		
D-3		非線形理論	香田 徹 著		
D-4		ソフトコンピューティング	山川 烈 著		
D-5		モバイルコミュニケーション	中川 正雄・大槻 知明 共著		
D-6		モバイルコンピューティング	中島 達夫 著		
D-7		データ圧縮	谷本 正幸 著		
D-8	(第12回)	現代暗号の基礎数理	黒澤 馨・尾形 わかは 共著	198	3255円
D-9		ソフトウェアエージェント	西田 豊明 著		
D-10		ヒューマンインタフェース	西田 正吾・加藤 博一 共著		
D-11		結像光学の基礎	本田 捷夫 著		
D-12		コンピュータグラフィックス	山本 強 著		
D-13		自然言語処理	松本 裕治 著		
D-14	(第5回)	並列分散処理	谷口 秀夫 著	148	2415円
D-15		電波システム工学	唐沢 好男 著		
D-16		電磁環境工学	德田 正満 著		
D-17		VLSI工学 —基礎・設計編—	岩田 穆 著		
D-18	(第10回)	超高速エレクトロニクス	中村 徹・三島 友義 共著	158	2730円
D-19		量子効果エレクトロニクス	荒川 泰彦 著		
D-20		先端光エレクトロニクス	大津 元一 著		
D-21		先端マイクロエレクトロニクス	小柳 光正 著		
D-22		ゲノム情報処理	高木 利久 著		
D-23		バイオ情報学	小長谷 明彦 著		
D-24	(第7回)	脳工学	武田 常広 著	240	3990円
D-25		生体・福祉工学	伊福部 達 著		
D-26		医用工学	菊地 眞 著		
D-27		VLSI工学 —製造プロセス編—	角南 英夫 著		

定価は本体価格+税5%です。
定価は変更されることがありますのでご了承下さい。

図書目録進呈◆

音響工学講座

(各巻A5判, 欠番は品切です)
■(社)日本音響学会編

配本順			頁	定価
1.(7回)	基礎音響工学	城戸健一編著	300	4410円
3.(6回)	建築音響	永田穂編著	290	4200円
4.(2回)	騒音・振動（上）	子安勝編	290	4620円
5.(5回)	騒音・振動（下）	子安勝編著	250	3990円
6.(3回)	聴覚と音響心理	境久雄編著	326	4830円
7.(8回)	改訂 音声	中田和男著	164	2625円
8.(9回)	超音波	中村僖良編	218	3465円

ディジタル信号処理ライブラリー

(各巻A5判)

■企画・編集責任者　谷萩隆嗣

配本順			頁	定価
1.(1回)	ディジタル信号処理と基礎理論	谷萩隆嗣著	276	3675円
2.(8回)	ディジタルフィルタと信号処理	谷萩隆嗣著	244	3675円
3.(2回)	音声と画像のディジタル信号処理	谷萩隆嗣編著	264	3780円
4.(7回)	高速アルゴリズムと並列信号処理	谷萩隆嗣編著	268	3990円
5.(9回)	カルマンフィルタと適応信号処理	谷萩隆嗣著	294	4515円
6.	ARMAシステムとディジタル信号処理	谷萩隆嗣著	続刊	
7.(3回)	VLSIとディジタル信号処理	谷萩隆嗣編 伊藤秀男他著 野口秀樹 藤原洋	288	3990円
8.(6回)	情報通信とディジタル信号処理	谷萩隆嗣編著	314	4620円
9.(5回)	ニューラルネットワークとファジィ信号処理	谷萩隆嗣編著 萩原将文共著 山口亨	236	3465円
10.(4回)	マルチメディアとディジタル信号処理	谷萩隆嗣編著	332	4620円

定価は本体価格+税5%です。
定価は変更されることがありますのでご了承下さい。

図書目録進呈◆

電気・電子系教科書シリーズ

(各巻A5判)

- ■編集委員長　高橋　寛
- ■幹　　　事　湯田幸八
- ■編集委員　　江間　敏・竹下鉄夫・多田泰芳
　　　　　　　中澤達夫・西山明彦

配本順		書名	著者	頁	定価
1.	(16回)	電 気 基 礎	柴田尚志・皆藤新一共著	252	3150円
2.	(14回)	電 磁 気 学	多田泰芳・柴田尚志共著	304	3780円
3.	(21回)	電 気 回 路 Ⅰ	柴田尚志著		近刊
4.	(3回)	電 気 回 路 Ⅱ	遠藤勲・鈴木靖共著	208	2730円
6.	(8回)	制 御 工 学	下奥二郎・西平正鎮共著	216	2730円
7.	(18回)	ディジタル制御	青西俊立・木堀幸達共著	202	2625円
9.	(1回)	電 子 工 学 基 礎	中藤夫・澤原幸共著	174	2310円
10.	(6回)	半 導 体 工 学	渡辺英夫著	160	2100円
11.	(15回)	電気・電子材料	中澤・藤原押田服部森山共著	208	2625円
12.	(13回)	電 子 回 路	須田健二・土田英・田充共著	238	2940円
13.	(2回)	ディジタル回路	伊若原弘海沢純・吉室賀下進共著	240	2940円
14.	(11回)	情報リテラシー入門	山也巌共著	176	2310円
15.	(19回)	C++プログラミング入門	湯田幸八著	256	2940円
17.	(17回)	計算機システム	春舘日泉健雄治共著	240	2940円
18.	(10回)	アルゴリズムとデータ構造	湯田幸八・伊原充博共著	252	3150円
19.	(7回)	電気機器工学	前田邦・新谷勉弘共著	222	2835円
20.	(9回)	パワーエレクトロニクス	江間敏・高橋勲共著	202	2625円
21.	(12回)	電 力 工 学	江間隆・甲斐章共著	260	3045円
22.	(5回)	情 報 理 論	三木成彦・吉川英機共著	216	2730円
25.	(4回)	情報通信システム	岡田裕・桑原正史共著	190	2520円
26.	(20回)	高 電 圧 工 学	植月唯夫・松原孝史・箕原史志共著	216	2940円

以下続刊

- 5. 電気・電子計測工学　西山・吉沢共著
- 8. ロボット工学　白水俊之著
- 16. マイクロコンピュータ制御プログラミング入門　柚賀・千代谷共著
- 23. 通信工学　竹下鉄夫著
- 24. 電波工学　松田・南部・宮田共著

定価は本体価格+税5%です。
定価は変更されることがありますのでご了承下さい。

図書目録進呈◆

高度映像技術シリーズ
(各巻A5判)

■編集委員長　安田靖彦
■編集委員　岸本登美夫・小宮一三・羽鳥好律

		頁	定価
1．国際標準画像符号化の基礎技術	小野　文孝／渡辺　裕 共著	358	5250円
2．ディジタル放送の技術とサービス	山田　宰 編著	310	4410円

以下続刊

高度映像の入出力技術　小宮・廣橋・上平・山口 共著	高度映像の生成・処理技術　佐藤・高橋・安生 共著
高度映像のヒューマンインターフェース　安西・小川・中内 共著	高度映像とネットワーク技術　島村・小寺・中野 共著
高度映像とメディア技術　岸本登美夫他著	高度映像と電子編集技術　小町　祐史 著
次世代の映像符号化技術　金子・太田 共著	次世代映像技術とその応用

映像情報メディア基幹技術シリーズ
(各巻A5判)

■(社)映像情報メディア学会編

		頁	定価
1．音声情報処理	春日　正男／船田　哲男／林　伸二／武田　一哉 共著	256	3675円
2．ディジタル映像ネットワーク	羽鳥　好律／片山　頼明 編著	238	3465円
3．画像LSIシステム設計技術	榎本　忠儀 編著	332	4725円
4．放送システム	山田　宰 編著	326	4620円

以下続刊

画像と視覚情報科学　三橋　哲雄 著	情報ストレージ技術　奥田・沼澤・梅本・喜連川 共著
映像情報センシング	映像情報ディスプレイ
3次元画像工学　佐藤・佐藤・高野・橋本 共著	ディジタル画像圧縮

定価は本体価格+税5%です。
定価は変更されることがありますのでご了承下さい。

図書目録進呈◆